はじめに

データをビジネスに活用したいものの、どこから手を付ければよいかわからない…そんな声をよく耳にします。本書は、Excelの基本機能をすでにマスターされている方を対象に、実習を通じてデータの分析と活用方法を学ぶことを目的としています。

本書では、ジューススタンドの経営を題材に、ピボットテーブルやグラフを活用してデータの傾向を把握したり、分析ツールを用いて仮説検定を行ったりなど、Excelを使ったデータ分析の手順を詳しく解説します。さらに、分析結果の読み取り方についても丁寧に説明し、実務で活かせる知識を提供します。

Excelの関数・グラフ・ピボットテーブル・分析ツールを駆使すれば、日々のデータからビジネスのヒントや課題が見えてきます。本書を通じて、Excelのスキルをさらに深め、実務に役立てていただければ幸いです。

本書を購入される前に必ずご一読ください

本書に記載されている操作方法は、2025年1月現在の次の環境で動作確認しております。

- ・Windows 11（バージョン24H2　ビルド26100.2894）
- ・Excel 2024（バージョン2412　ビルド16.0.18324.20092）
- ・Excel 2021（バージョン2412　ビルド 16.0.18324.20092）
- ・Microsoft 365（バージョン2412　ビルド 16.0.18324.20092）

本書発行後のWindowsやOfficeのアップデートによって機能が更新された場合には、本書の記載のとおりに操作できなくなる可能性があります。あらかじめご了承のうえ、ご購入・ご利用ください。

2025年3月17日
FOM出版

JN191557

目 次

本書をご利用いただく前に 6

第 1 章　データ分析をはじめる前に　　　　　　　　11

STEP 1　何のためにデータを分析するのか 12

　1 データ分析の必要性 12

STEP 2　データ分析のステップを確認する 14

　1 データ分析の基本的なステップ 14
　2 各ステップの役割 14

STEP 3　データを準備するときに知っておきたいポイント ... 16

　1 データの形 16
　2 データの種類 17
　3 母集団と標本 18
　4 データを収集するときのポイント 19

第 2 章　データの傾向を把握することからはじめよう　　21

STEP 1　ジューススタンドの売上を分析する 22

　1 データ分析のステップ 23

STEP 2　代表値からデータの傾向を探る 24

　1 代表値とは 24
　2 平均を使ったデータ傾向の把握 24
　3 中央値、最頻値を使ったデータ傾向の把握 26
　4 分散、標準偏差を使ったデータ傾向の把握 29
　5 最小値、最大値、範囲を使ったデータ傾向の把握 33
　6 分析ツールを使った基本統計量の算出 35

　練習問題をはじめる前に 38

　練習問題 39

第 3 章　データを視覚化しよう　　　　　　　　　41

STEP 1　データを視覚化する 42

STEP 2 ピボットテーブルを使って集計表を作成する 44

1 ピボットテーブルを使ったデータの要約 44
2 視点を変えた要約 46
3 異なる集計方法で視点を変える 48
4 詳細の分析 50

STEP 3 データの大小・推移・割合を視覚化する 54

1 グラフによる視覚化 54
2 棒グラフを使った大小の比較 55
3 折れ線グラフを使った推移の把握 60
4 円グラフ、100%積み上げ棒グラフを使った割合の比較 65

STEP 4 ヒートマップを使って視覚化する 71

1 カラースケールによる視覚化 71

STEP 5 データの分布を視覚化する 73

1 ヒストグラムによる視覚化 73

STEP 6 時系列データの動きを視覚化する 79

1 折れ線グラフによる視覚化 79
2 トレンドの視覚化 79
3 パターンの視覚化 82
4 前期比で繰り返しパターンの影響を取り除く 84

練習問題-1 87

練習問題-2 89

第 4 章　仮説を立てて検証しよう 91

STEP 1 仮説を立てる 92

1 仮説とは何か 92
2 仮説の立て方 92
3 仮説検定 94

STEP 2 2店舗の売上個数の平均を比較する 95

1 F検定を使ったばらつきの比較 95
2 t検定を使った平均の比較 98

STEP 3 人気のある商品とない商品を確認する 103

1 パレート図を使った売れ筋商品の把握 103
2 t検定を使った入れ替え商品の検討 106

STEP 4　新商品案を検討する ……………………………………… 108

　1 実験調査とテストマーケティング ……………………………… 108
　2 アイデアの評価 ………………………………………………… 108
　3 調査結果の評価 ………………………………………………… 110

　練習問題 ……………………………………………………………… 117

第5章　関係性を分析してビジネスヒントを見つけよう　119

STEP 1　変数の関係性を視覚化する …………………………… 120

　1 散布図を使った量的変数の視覚化 …………………………… 121

STEP 2　変数の関係性を客観的な数値で表す ……………… 125

　1 相関係数 ………………………………………………………… 125
　2 相関の計算 ……………………………………………………… 126

STEP 3　相関分析の注意点を確認する ……………………… 129

　1 相関係数だけで判断しても大丈夫? ………………………… 129
　2 外れ値を含めたままで大丈夫? ……………………………… 130
　3 その2つの変数だけで判断しても大丈夫? ………………… 133

STEP 4　原因と結果の関係に注目して売上個数を分析する … 134

　1 価格と売上個数の関係の分析 ………………………………… 134
　2 2つの変数の因果関係 ………………………………………… 137
　3 近似曲線を使った売上個数の予測 …………………………… 138
　4 売上アップにつながるヒントを探す ………………………… 141
　5 分析ツールを使った回帰分析 ………………………………… 146

STEP 5　アンケート結果を分析する …………………………… 150

　1 アンケート項目の検討 ………………………………………… 150
　2 重回帰分析を使ったアンケート結果の分析 ………………… 152

　練習問題-1 …………………………………………………………… 157

　練習問題-2 …………………………………………………………… 159

第6章　シミュレーションして最適な解を探ろう　161

STEP 1　最適な解を探る …………………………………………… 162

　1 最適化 …………………………………………………………… 162

STEP 2 最適な価格をシミュレーションする ……………………………… 163

1 ゴールシークを使った価格の試算 ………………………………………… 163

STEP 3 最適な広告プランをシミュレーションする ………………………… 166

1 ソルバーを使った広告回数の検討 ………………………………………… 166

練習問題 ………………………………………………………………… 170

第7章 生成AIを使用したデータ分析 171

STEP 1 Copilotを活用する ……………………………………………… 172

1 Copilotでできること ……………………………………………………… 172
2 Copilotを使うときの注意点 ……………………………………………… 173

STEP 2 関数や分析に関する疑問点を聞く …………………………… 174

1 関数の疑問点を質問する …………………………………………………… 174
2 データ分析に関して質問する ……………………………………………… 175

STEP 3 分析結果を見せてビジネスへの活かし方を聞く ………… 176

1 結果をもとにアドバイスをもらう ………………………………………… 176

付録 分析に適したデータに整形しよう 179

STEP 1 重複データを削除する ………………………………………… 180

1 重複データの削除 …………………………………………………………… 180

STEP 2 空白データを確認する ………………………………………… 183

1 空白セルの確認 ……………………………………………………………… 183

STEP 3 データの表記を統一する …………………………………… 186

1 データの表記の統一 ………………………………………………………… 186

索引 ……………………………………………………………………… 189

標準解答は、FOM出版のホームページで提供しています。表紙裏の「標準解答のご提供について」を参照してください。

本書をご利用いただく前に

本書で学習を進める前に、ご一読ください。

① 効果的な学習の進め方について

本書をご利用いただく際には、次のような流れで学習を進めると、効果的な構成になっています。

1 解説を読む

これから行う分析の目的や分析手法、使用するExcelの機能の解説などを確認します。

● 解説
分析手法やExcelの機能の
解説

2 Excelで操作する

分析する目的に合わせて、Excelを使って操作します。

● Try!!
これから行う操作内容

● 操作
標準的な操作の手順と画面図

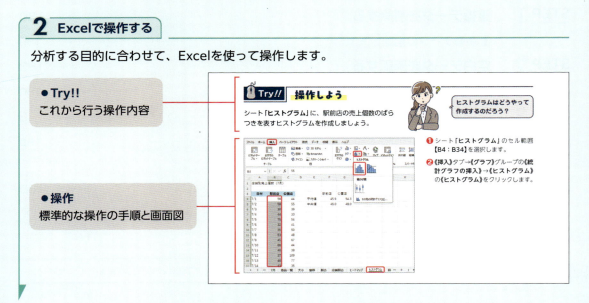

3 結果を確認する

Excelで操作した結果を確認し、データを解釈します。

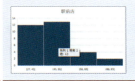

● Check!!
結果から読み取れること、解釈など

4 復習する

章末の練習問題を使って、学習したExcelの操作を確認します。また、操作した結果を確認して、自分なりにデータを解釈してみましょう。

※標準解答はFOM出版のホームページからダウンロードできます。ダウンロード手順については、表紙裏の「標準解答のご提供について」を参照してください。

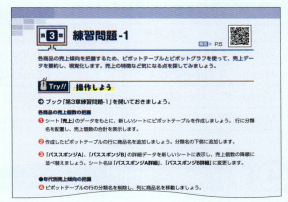

 これから行う操作内容

 操作結果の確認

 知っておくべき重要な内容

STEP UP 知っていると便利な内容

本書は、データ分析初心者の新入社員と、データ分析に詳しいベテラン社員の2名が登場します。

わからないことだらけだけど、少しずつステップを踏んで学んでいきます！

大丈夫、初心者でもわかるように教えていくよ。一緒に学んでいきましょう！

本書の記述について

操作の説明のために使用している記号には、次のような意味があります。

記述	意味	例
[ ]	キーボード上のキーを示します。	Ctrl Enter
[ ]+[ ]	複数のキーを押す操作を示します。	Ctrl + C (Ctrlを押しながらCを押す)
《　　》	ボタン名やダイアログボックス名、タブ名、項目名など画面の表示を示します。	《ピボットテーブル》をクリックします。 《OK》をクリックします。
「　　」	入力する文字列や、理解しやすくするための強調などを示します。	「代表値」といいます。 「10」と入力します。

 ## 製品名の記載について

本書では、次の名称を使用しています。

正式名称	本書で使用している名称
Windows 11	Windows 11 または Windows
Microsoft Excel 2024	Excel 2024 または Excel
Microsoft Excel 2021	Excel 2021 または Excel
Microsoft 365 Apps	Microsoft 365

 ## 学習環境について

本書を学習するには、Excelのアプリが必要です。
また、インターネットに接続できる環境で学習することを前提にしています。

◆開発環境

OS	Windows 11 Pro（ビルド26100.2894）
アプリ	Microsoft Office Home and Business 2024 Excel 2024（バージョン2412　ビルド16.0.18324.20092）
ディスプレイの解像度	1280×768ピクセル
その他	WindowsにMicrosoftアカウントでサインインし、インターネットに接続した状態 OneDriveと同期していない状態

※本書は、2025年1月時点のExcel 2024・Excel 2021・Microsoft 365のExcelに基づいて解説しています。
　今後のアップデートによって機能が更新された場合には、本書の記載のとおりに操作できなくなる可能性があります。

◆ディスプレイの解像度の設定

画面解像度を本書と同様に設定する方法は、次のとおりです。

❶ デスクトップの空き領域を右クリックします。

❷ 《ディスプレイ設定》をクリックします。

❸ 《ディスプレイの解像度》の▼をクリックし、一覧から《1280×768》を選択します。

※確認メッセージが表示される場合は、《変更の維持》をクリックします。

◆ボタンの形状

Excelのバージョンやディスプレイの画面解像度、ウィンドウのサイズなど、お使いの環境によっては、ボタンの形状やサイズ、位置が異なる場合があります。ボタンの操作は、ポップヒントに表示されるボタン名を確認してください。

※本書に掲載しているボタンは、ディスプレイの画面解像度を「1280×768ピクセル」、ウィンドウを最大化した環境を基準にしています。

◆Office製品の種類

Microsoftが提供するOfficeには「ボリュームライセンス（LTSC）版」「プレインストール版」「POSAカード版」「ダウンロード版」「Microsoft 365」などがあり、画面やコマンドが異なることがあります。本書はダウンロード版をもとに開発しています。ほかの種類のOfficeで操作する場合は、ポップヒントに表示されるボタン名を参考に操作してください。

⑤ 学習ファイルについて

本書で使用する学習ファイルは、FOM出版のホームページで提供しています。

ホームページアドレス

https://www.fom.fujitsu.com/goods/

※アドレスを入力するとき、間違いがないか確認してください。

ホームページ検索用キーワード

FOM出版

◆ダウンロード

学習ファイルをダウンロードする方法は、次のとおりです。

❶ ブラウザーを起動し、FOM出版のホームページを表示します。

※アドレスを直接入力するか、キーワードでホームページを検索します。

❷ 《ダウンロード》をクリックします。

❸ 《アプリケーション》の《Excel》をクリックします。

❹ 《Excelではじめるデータ分析入門　関数・グラフ・ピボットテーブルから分析ツールまで　FPT2411》をクリックします。

❺ 《学習ファイル》の《学習ファイルのダウンロード》をクリックします。

❻ 本書に関する質問に回答します。

❼ 学習ファイルの利用に関する説明を確認し、《OK》をクリックします。

❽ 《学習ファイル》の「fpt2411.zip」をクリックします。

❾ ダウンロードが完了したら、ブラウザーを終了します。

※ダウンロードしたファイルは、パソコン内のフォルダー《ダウンロード》に保存されます。

◆ダウンロードしたファイルの解凍

ダウンロードしたファイルは圧縮されているので、解凍（展開）します。
ダウンロードしたファイル「**fpt2411.zip**」を《ドキュメント》に解凍する方法は、次のとおりです。

❶ デスクトップ画面を表示します。

❷ タスクバーの《**エクスプローラー**》をクリックします。

❸ 《**ダウンロード**》をクリックします。
※《ダウンロード》が表示されていない場合は、《PC》をダブルクリックします。

❹ ファイル「**fpt2411**」を右クリックします。

❺ 《**すべて展開**》をクリックします。

❻ 《**参照**》をクリックします。

❼ 左側の一覧から《**ドキュメント**》をクリックします。

❽ 《**フォルダーの選択**》をクリックします。

❾ 《**ファイルを下のフォルダーに展開する**》が「**C：¥Users¥（ユーザー名）¥Documents**」に変更されます。

❿ 《**完了時に展開されたファイルを表示する**》をオンにします。

⓫ 《**展開**》をクリックします。

⓬ ファイルが解凍され、《**ドキュメント**》が開かれます。

⓭ フォルダー「**Excelではじめるデータ分析入門（FPT2411）**」が表示されていることを確認します。
※すべてのウィンドウを閉じておきましょう。

◆学習ファイルの一覧

フォルダー「**Excelではじめるデータ分析入門（FPT2411）**」には、学習ファイルが入っています。
タスクバーの《**エクスプローラー**》→《**ドキュメント**》をクリックし、一覧からフォルダーを開いて確認してください。

◆学習ファイル利用時の注意事項

ダウンロードした学習ファイルを開く際、そのファイルが安全かどうかを確認するメッセージが表示される場合があります。学習ファイルは安全なので、《**編集を有効にする**》をクリックして、編集可能な状態にしてください。

> ① 保護ビュー　注意―インターネットから入手したファイルは、ウイルスに感染している可能性があります。編集する必要がなければ、保護ビューのままにしておくことをお勧めします。　[編集を有効にする(E)]　×

⑥ 本書の最新情報について

本書に関する最新のQ&A情報や訂正情報、重要なお知らせなどについては、FOM出版のホームページでご確認ください。

ホームページアドレス

https://www.fom.fujitsu.com/goods/

※アドレスを入力するとき、間違いがないか確認してください。

ホームページ検索用キーワード

FOM出版

第 1 章

データ分析をはじめる前に

STEP **1** 何のためにデータを分析するのか

STEP **2** データ分析のステップを確認する

STEP **3** データを準備するときに知っておきたいポイント

1 何のためにデータを分析するのか

ビジネスでデータ分析を行うべき理由は何だろう？

① データ分析の必要性

ビッグデータやデータサイエンティストが注目される中、業務でデータ分析に挑戦したいと思う方も多いでしょう。**「数学が苦手」**、**「プログラミングが必要では」**と不安に感じるかもしれませんが、実際に必要なのは高度な知識ではなく、データを活用して相手を納得させるストーリーを組み立てる力です。この視点を持つことで、データ分析のハードルはぐっと下がります。

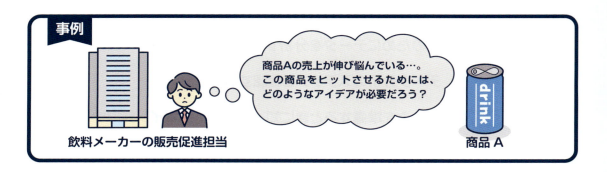

事例

商品Aの売上が伸び悩んでいる…。この商品をヒットさせるためには、どのようなアイデアが必要だろう？

飲料メーカーの販売促進担当　　　　　商品 A

この事例の課題に対して、どのようなアイデアが思い浮かびましたか？実は、どのアイデアも正解であり、不正解であるかもしれません。それは、アイデアとは**仮説**であり、実際にやってみるまではわからないからです。

では、別の角度から考えてみましょう。

売上が伸び悩んでいる商品Aをヒットさせるために、次の2つのアイデアのどちらが、よりおもしろいと感じますか？

アイデア1
他の商品より低価格にする

150円 ＞ 100円

アイデア2
パッケージのデザインをリニューアルする

効果という点でアイデアを考えると、他の商品より低価格にする方が効果は高いかもしれません。しかし、おもしろさという点で考えると、今までにないデザインのパッケージにする方がおもしろく感じるのではないでしょうか？

それでは、上司や関係者を納得させるという点で考えた場合は、どちらのアイデアが採用されやすいと思いますか？多くの場合、利益が多少減っても問題がないのであれば、アイデア1が採用されやすいでしょう。なぜなら、アイデア2は本当に効果があるのかが確実ではなく、おもしろさだけではアイデアの採用に二の足を踏むことが多いからです。
アイデア2を採用してもらう場合には、どのようにして相手を納得させればよいのでしょうか？そして、そもそもアイデア2を採用してもらう必要性はあるのでしょうか？

ビジネスにおいて、根拠のないアイデアを実行することは困難です。現状の売上を把握して購買層や売上傾向を明確にすること、アンケート調査や試飲調査を行って商品の認知度・味・容量・パッケージデザインなどに対する評価を集めること、そしてそれらのデータをもとに根拠を示すことで、相手を納得させることができ、アイデアの実行につながります。

すなわち、データ分析は、データをもとに、ビジネスにおいて様々なアイデアを実行する可能性を広げるために必要だといえるのです。

データ分析をすることで、ビジネスをより最適化し、成功へと導くことができるようになるよ！

2 データ分析のステップを確認する

データ分析はどのようなステップで行えばよい？

① データ分析の基本的なステップ

目的が定まらないままデータを集計したり、グラフを作成したりしても、それらをどのように活かすのかは見えてきません。まずは、**「売上をアップしたい」**、**「新店舗をオープンしたい」**、**「コストを削減したい」**など目的を意識することが大切です。データ分析をするときには、次の基本的なステップに沿って進めるとよいでしょう。

データ分析をはじめたいけど、どこから手を付けたらよいのかな？

② 各ステップの役割

1 目的を明確にする

データ分析の最初のステップは目的を明確にすることです。例えば、**「商品の売上状況を把握する」**という大きな目標を設定し、それを**「店舗ごとの売上」**、**「前月比の変化」**、**「店舗間の差異」**、**「その原因の特定」**といった具体的な課題に分けます。ただし、時間やコストの制約を考慮し、目的を絞り込んで優先順位を付けることが不可欠です。

2 データを収集する

目的を明確にしたら、それを達成するためのデータを収集します。**「割合」**、**「順位」**、**「推移」**、**「関係性」**など、知りたい内容に応じて必要なデータが変わります。収集計画では、収集するデータの種類、手段、期限、量を決め、コストや時間の制約を考慮します。自社の売上システムデータを活用する、アンケートを実施する、公的調査データを活用するなど、最適な方法を選びましょう。

3 データを把握する

データが準備できたら、代表値などでデータを要約して、データの傾向をつかみます。また、クロス集計表やグラフ、ヒートマップなどを作成してデータを視覚化します。視覚化すると、さらにデータの傾向や特異な点がわかり、着目すべき視点が見つかることがあります。

4 分析を実行する

分析ツールを使って、分析を実行します。常に目的を意識し、目的に合わせて分析方法を選択する必要があります。客観的な判断をするために必要な結果が得られるよう、ストーリーを組み立てて分析を行います。

5 分析結果を解釈し、ビジネスに活かす

分析が完了したら、「**1.目的を明確にする**」で明確にした目的に沿って結果を解釈します。単なる数値の提示ではなく、それが何を意味し、目的にどう結び付くかを示すことで、実際の意思決定に役立てることができます。また、結果を分析する中で、目的達成を妨げる要因を発見することも重要です。

POINT

データ分析に役立つExcelの機能

「**3.データを把握する**」、「**4.分析を実行する**」の各ステップでは、次のようなExcelの機能が役に立ちます。

手法	Excelの機能
代表値を算出する 基本統計量を算出する データを要約する	・関数 ・分析ツール（基本統計量） ・ピボットテーブル
データを視覚化する	・ピボットテーブル／ピボットグラフ／グラフ ・条件付き書式
データの分布を視覚化する	・ヒストグラム
時系列データを視覚化する	・グラフ ・分析ツール（移動平均）
平均を比較する	・分析ツール（t検定）
ばらつきを比較する	・分析ツール（F検定）
関係性を分析する	・散布図 ・分析ツール（相関）
因果関係を分析する	・散布図 ・近似曲線 ・回帰分析
売れ筋商品を見つける	・パレート図
最適解を見つける	・ゴールシーク ・ソルバー

3 データを準備するときに 知っておきたいポイント

分析に使うデータはどのようなものを用意すればよい？

① データの形

分析を効率的に行うには、はじめに目的に適した形にデータを整理しておくことが重要です。
準備段階で、必要なデータの形とその特徴を把握しておきましょう。

● クロスセクションデータ

ある時点におけるデータです。例えば、店舗Aの2025年10月時点の売上高、来店者数、客単価です。
クロスセクションデータでは、同一時点での複数の項目のデータを把握できます。

● 時系列データ

ある項目について時間の推移に沿って記録したデータです。例えば、店舗Aの2025年1月から12月
までの売上高です。時系列データでは、時間に沿って変化するデータを把握できます。

● パネルデータ

同じ対象について、複数の項目を時間の推移に沿って記録したデータです。パネルデータはクロス
セクションデータと時系列データを組み合わせたものです。例えば、店舗Aの2025年1月から12月
までの売上高、来店者数、客単価です。パネルデータでは、同じ対象の項目間の関係を時間に沿っ
て把握できます。

時系列データ　**パネルデータ**　**クロスセクションデータ**

店舗A　2025年売上

	1月	2月	3月	4月	5月	6月	7月	8月	9月	10月	11月	12月
売上高												
来店者数												
客単価												

> パネルデータを使うと、時間による変化や、各項目のつながりを
> 同時に分析することができそう！

POINT

データの行列の入れ替え

年や月など時系列のデータは追加されることが多いため、行を増やしていく方が、表の管理が楽になります。行と列は簡単に入れ替えることができます。

◆セル範囲を選択→《ホーム》タブ→《クリップボード》グループの《コピー》→貼り付け先のセルを選択
→《ホーム》タブ→《クリップボード》グループの《貼り付け》の▼→《貼り付け》の《行/列の入れ替え》

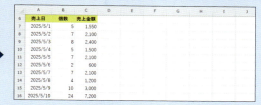

データが増えても管理しやすくなるので、後々の分析が楽になります！

---

② データの種類

データにはいくつかの種類があり、種類ごとに分析の手法や使用するグラフなどが異なります。
代表的な例として、**量的データ**と**質的データ**があります。その特徴を確認しておきましょう。

●量的データ

数値で表すことができるデータです。**「量的変数」**ともいいます。量（数値）の大小が基準となります。数値データなので、そのまま計算に使用することができます。量的データでは、売上金額の平均を求めるなど、数値をもとに平均や最小値などを計算したり、分布を比較したりすることができます。

> **例**
> ・金額
> ・人数
> ・売上個数　など

●質的データ

分類や種類を区別することができるデータです。**「質的変数」**ともいいます。数値データではないので、そのままでは計算に使用することはできません。質的データでは、好きなフルーツは「いちご」であると回答した人の数を求めるなど、その出現頻度をもとに数や割合を比較することができます。

> **例**
> ・商品名
> ・店舗名
> ・好きなフルーツ
> 　　　　　　　　など

③ 母集団と標本

データ分析を行うときは、何を対象に、どのようなことを知りたいのかに合わせて、データを準備します。

データ分析では、知りたい対象のことを**母集団**といい、母集団のすべてのデータを調べる調査を**全数調査**といいます。全数調査では正確な結果が得られますが、母集団が大きいとデータを集める手間やコストが膨大になるというデメリットがあります。

そこで、手間やコストを少なくするため、母集団から一部のデータを抽出して調査し、全体を推定する方法を使います。これを**標本調査（サンプル調査）**といい、抽出したデータのことを**標本（サンプル）**といいます。

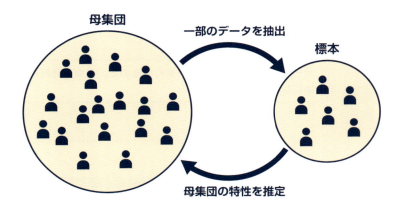

標本調査では、一部のデータだけを対象として調査を行い、その結果からビジネスヒントを得るため、調査対象と知りたい対象がずれていては意味がありません。例えば、若者向けの新商品を企画しているのに、年齢の高い人ばかりが調査に参加したら、どんなに高度な分析を行ったとしても、欲しい結果は得られません。

標本調査を行うときは、少しでも偏りを避けるよう、無作為に抽出する**ランダムサンプリング**という方法を使います。

また、集めたデータをもとに分析した結果を示すときには、「〇〇市の〇〇教室に通う〇〇人のデータ」というように、データや結果を見る人がどのような母集団を想定すればよいか判断できるようにしておくことが大切です。

標本調査はコストを抑えつつ結果を推定できる便利な方法なんだね！

④ データを収集するときのポイント

❶ 分析に適したデータの収集

誰を対象に、どれくらいの数のデータを、どのような方法で収集するのか、計画を立てましょう。また、データ収集にかかるコストや手間などを考えることも大切です。

●誰を対象にするのか

対象者を決めずにデータを収集すると偏りが生じます。偏ったデータから分析すると、目的に合わない不適切な結論に到達してしまう可能性があります。データを収集するときには、誰を対象にするのかをよく検討しましょう。

●どれくらいの数を収集するのか

データ数が多いほど誤差は減りますが、コストや手間が増加します。ここでのコストや手間は金銭的負担だけでなく、情報管理やリスク対応も含まれます。例えば、新商品の企画では情報流出防止、医薬品効果測定では副作用のリスク管理が必要です。これらを考慮し、データ数を慎重に検討することが重要です。

●どのような方法で収集するのか

目的に合ったデータを効率的に集めるには、適切な方法を選ぶことが重要です。小売店の売上分析にはPOSデータ、品質分析には品質検査の結果、顧客評価の把握にはアンケートやインタビューが有効です。アンケートやインタビューを行う場合、手段の選択も必要で、紙の配布、Webアンケート、対面調査、オンラインツールなどが考えられます。大規模な調査では、RDD（ランダム・デジット・ダイヤリング）による電話調査も一案です。

POINT

公的なデータの活用

インターネット上には、家計、経済、人口、世帯、気象、農林水産、環境など分析に役立つデータが公開されています。次のサイトでは、政府が収集した公共データを広く公開しており、個人や一企業では収集が難しい様々な分野のデータを利用することができます。Excel形式やcsv形式などでダウンロードできます。

●政府統計の総合窓口（e-Stat）
https://www.e-stat.go.jp/

●データポータル（e-GOV）
https://data.e-gov.go.jp/

 気温の変化による売上を確認したり、売上の多い地域の年齢別人口を確認したりするときに公的なデータを活用すると効率的だよ！

② 分析に適したデータの整形

新しくデータを収集する以外にも、すでに社内にあるデータを加工してデータ分析に使用できます。例えば、社内には、日々の売上データや仕入データ、顧客データ、製品の検査データ、以前集めたアンケートの結果など、様々なデータがあることでしょう。これらのデータを目的に合わせて準備します。準備したデータはそのままで使用できる場合もあれば、整形などの加工が必要な場合もあります。整形せずに使用するとデータ分析の際に異なるデータと認識され、分析の質が低下してしまう可能性があります。

データ分析に使用する場合、整形などの加工が必要なデータには、次のようなものがあります。操作方法については、「付録　分析に適したデータに整形しよう」を参照してください。

	A	B	C	D
1	商品番号	商品名	分類	単価
2	F001	いちごミックス	フルーツ	300
3	F002	バナナミルク	フルーツ	300
4	F003	ブルーベリーヨーグルト	フルーツ	300
5	K071	ホワイトピーチ	季節限定	450
6	K072	マスクメロン	季節限定	500
7	V001	キャロット	ベジタブル	300
8	V002	ケール＆レモン	ベジタブル	300
9	V003	フレッシュトマト	ベジタブル	300
10	V001	キャロット	ベジタブル	300

❶

	A	B	C	D	E	F	G	H	I	J
1	No.	売上日	区分	店舗名	商品番号	商品名	分類	単価	個数	売上金額
2	1	2024/5/1	平日	駅前店	F001	いちごミックス	フルーツ	300	5	1,500
3	2	2024/5/1	平日	駅前店	F002	バナナミルク	フルーツ	300	4	1,200
4	3	2024/5/1	平日	駅前店	F003	ブルーベリーヨーグルト		300	4	1,200
5	4	2024/5/1	平日	駅前店	V001	キャロット	ベジタブル	300	6	1,800
6	5	2024/5/1	平日	駅前店	V002	ケール＆レモン	ベジタブル	300	12	3,600
7	6	2024/5/1	平日	駅前店	V003	フレッシュトマト	ベジタブル	300	11	3,300
8	7	2024/5/1	平日	駅前店	K071	ホワイトピーチ	季節限定	450	6	2,700
9	8	2024/5/1	平日	駅前店	K072	マスクメロン	季節限定	500	8	4,000
10	9	2024/5/1	平日	駅前	F001	いちごミックス	フルーツ	300	5	1,500
11	10	2024/5/1	平日	公園店	F002	バナナミルク	フルーツ	300	5	1,500

❶重複データ：商品一覧に同じ商品のデータが複数あるなどデータが重複している。
→付録 P.180参照

❷空白データ：データが空白（Null）になっている。
→付録 P.183参照

❸表記が異なるデータ：同じデータであるが表記が異なる状態で入力されている。
→付録 P.186参照

せっかくデータを用意しても、整形されていないと分析結果の精度も下がってしまうんだね。

そう、だからはじめが肝心なんだ。データ分析の下準備はここまで！第2章からは実際に分析をしてみるよ！

第 **2** 章

データの傾向を把握すること からはじめよう

STEP 1 ジューススタンドの売上を分析する

STEP 2 代表値からデータの傾向を探る

1 ジューススタンドの売上を分析する

データ分析をはじめましょう。本書では次のような事例で分析を進めていきます。

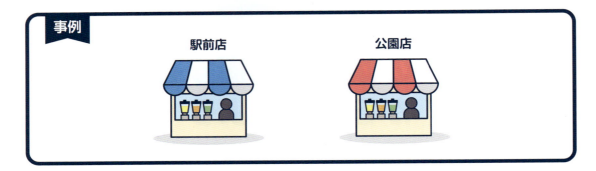

事例

駅前店　　　　　　　公園店

ジューススタンドはオープンから3年が経ち、売上増を目指しています。スタッフの話では、朝の習慣として来店する常連や、健康志向のベジタブルジュース購入者が多いとのこと。季節限定メニューは単価が高いけれど売れているという声もあれば、定番メニューほど売れていないとの声もありました。また、売れ行きが悪い日には、準備した食材が廃棄されることがあるとわかりました。データ分析を行い、ビジネス改善を図りたいと考えています。

■ 定番メニュー

分類	商品名	単価
フルーツ	いちごミックス	300円
フルーツ	バナナミルク	300円
フルーツ	ブルーベリーヨーグルト	300円
ベジタブル	キャロット	300円
ベジタブル	ケール&レモン	300円
ベジタブル	フレッシュトマト	300円

■ 季節限定メニュー

分類	商品名	単価
季節限定	ホワイトピーチ	450円
季節限定	マスクメロン	450円

ベジタブルジュースを購入するお客様が「多い」とは、どのような数値でわかるのかな？

「定番メニューほど売れていない」「思ったほど売れ行きが良くない」とは、どのような基準があるんだろう？

① データ分析のステップ

本書では、ジューススタンドの売上について、次のような流れでデータ分析を行います。

1 目的を明確にする

ジューススタンドの**「売上増」**は目的が大きすぎて具体的な分析が難しいため、必要な要素を検討します。例えば、次のように目的を細分化して考えます。

売上に影響している現状の問題点や売れ筋商品を確認して、強化していこう！

・売上に影響を与えている現状の問題点や売れ筋商品を確認し、強化する
・人気のない商品の代わりに、お客様のニーズに合った新商品を投入する

2 データを収集する

商品の売上は、既存店のデータをもとに検討し、駅前店と公園店の直近の売上データを使用します。

3 データを把握する

代表値を求めてデータの傾向を把握し、店舗、分類、商品ごとのクロス集計表を作成して売上の大小や割合、推移をグラフで視覚化します。視覚化したデータから得た気づきがあれば、その後の分析で確認します。

➡第**2**章、第**3**章

4 分析を実行する

データの傾向からの気づきが**「統計的に意味があるか」**を判断するために分析を行い、売れ筋商品の確認や新商品の検討をします。新商品は試飲調査やアンケートでお客様のニーズを分析し、決定します。

➡第**4**章、第**5**章

5 分析結果を解釈し、ビジネスに活かす

分析結果をもとに、新商品の種類や価格など**「売上増」**のための意思決定を行います。ただし、一度ですべてを決定するのは難しく、分析中の気づきやヒントをもとに新たな分析を行うなど、必要に応じてデータ分析のステップを繰り返して最適な判断につなげます。

➡第**4**章、第**5**章、第**6**章

2 代表値からデータの傾向を探る

データの傾向を把握するにはどうすればよい？

① 代表値とは

まずはデータの全体像を把握しましょう。データの傾向や特徴を把握する手法を、**記述統計**といいます。記述統計では、データ全体を要約してデータを代表する値、**代表値**を求めます。代表値には平均や中央値、最頻値などがあります。

代表値	説明
平均	全データの合計をデータの個数で割った値
中央値	全データを小さい値から大きい値まで順に並べたときの中央の値
最頻値	最も頻繁に出現する値

② 平均を使ったデータ傾向の把握

平均は、全データの合計をデータの個数で割った値です。データを要約して、集団の傾向を見るときに使います。
平均は、**AVERAGE関数**を使って求めます。

= AVERAGE（数値1，数値2，・・・）
※引数には、対象のセルやセル範囲などを指定します。

Try!! 操作しよう

➡ ブック「第2章」を開いておきましょう。

シート「**代表値**」のセル範囲【F4：G4】に、各店舗の売上個数の平均を求めましょう。数値は、小数第2位まで表示します。

| F4 | ⌄ | : | × | ✓ | fx | =AVERAGE(B4:B34) |

	A	B	C	D	E	F	G
1	店舗別売上個数						
2							
3	日付	駅前店	公園店			駅前店	公園店
4	7/1	56	44		平均	=AVERAGE(B4:B34)	
5	7/2	58	55		中央値		

❶ シート「**代表値**」のセル【F4】に「=AVERAGE（B4：B34）」と入力します。

平均が求められます。

❷ セル【F4】を選択し、セル右下の■（フィルハンドル）をセル【G4】までドラッグします。

数式がコピーされます。

❸《ホーム》タブ→《数値》グループの《表示形式》をクリックします。

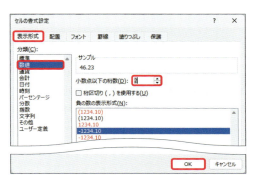

《セルの書式設定》ダイアログボックスが表示されます。

❹《表示形式》タブを選択します。

❺《分類》の一覧から《数値》を選択します。

❻《小数点以下の桁数》を「2」に設定します。

❼《OK》をクリックします。

小数第3位が四捨五入され、小数第2位までの表示になります。

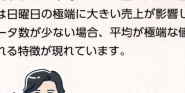

Check!! 結果を確認しよう

売上個数の平均は、駅前店46.23個、公園店56.29個です。31日間のデータでは傾向はわかりませんが、平均を算出することで店舗間の比較やデータの傾向が見えやすくなります。

右のデータでは、感覚的には日々の売上が15個程度に見えますが、平均は154.3個と大きな値です。これは日曜日の極端に大きい売上が影響しており、データ数が少ない場合、平均が極端な値に引っ張られる特徴が現れています。

曜日	売上個数
月	10
火	15
水	15
木	10
金	20
土	10
日	1000
平均	154.3

平均を使ってデータの傾向を表すと、売上個数が「10」の日もあれば、「1,000」の日もあるという情報が捨てられてしまうことがわかるね。

③ 中央値、最頻値を使ったデータ傾向の把握

平均は極端な値に影響されるという特徴があるため、より適切にデータの傾向を表すには、平均だけでなく、中央値や最頻値も指標にするとよいでしょう。

> データの傾向を分析するには、中央値や最頻値のような平均以外の代表値も出した方がいいんだね！

◀ 中央値の算出

中央値は、全データを小さい値から大きい値まで順に並べたときの中央の値のことです。「**メジアン**」ともいいます。中央値は、極端に大きい値や極端に小さい値の影響を受けにくい値です。
中央値は、**MEDIAN関数**を使って求めます。

> ### = MEDIAN（数値1，数値2，・・・）
> ※引数には、対象のセルやセル範囲などを指定します。

データの数が奇数の場合	データの数が偶数の場合
1, 2, 3, 4, **5**, 6, 7, 8, 9	1, 2, 3, 4, **5, 6**, 7, 8, 9, 10
中央値「5」	中央値「5.5」

 Try!! ## 操作しよう

シート「**代表値**」のセル範囲【F5：G5】に、各店舗の中央値を求めましょう。

	A	B	C	D	E	F	G	H	I	J
1	店舗別売上個数									
2										
3	日付	駅前店	公園店			駅前店	公園店			
4	7/1	56	44		平均	46.23	56.29			
5	7/2	58	55		中央値	=MEDIAN(B4:B34)				
6	7/3	70	54		最頻値					
7	7/4	32	41		分散					
8	7/5	30	39		標準偏差					
9	7/6	44	33		最大値					
10	7/7	35	50		最小値					
11	7/8	53	48		範囲					

❶ セル【F5】に「=MEDIAN（B4：B34）」と入力します。

	A	B	C	D	E	F	G	H	I	J
1	店舗別売上個数									
2										
3	日付	駅前店	公園店			駅前店	公園店			
4	7/1	56	44		平均	46.23	56.29			
5	7/2	58	55		中央値	46	44			
6	7/3	70	54		最頻値					
7	7/4	32	41		分散					
8	7/5	30	39		標準偏差					
9	7/6	44	33		最大値					
10	7/7	35	50		最小値					

中央値が求められます。

❷ セル【F5】を選択し、セル右下の■
（フィルハンドル）をセル【G5】まで
ドラッグします。

数式がコピーされます。

📋 Check!! 結果を確認しよう

駅前店の中央値は46、公園店は44で大差はあ
りません。平均と中央値を比較すると、駅前店
はほぼ同じですが、公園店は平均が中央値より
大きく、極端な値の影響を受けている可能性が
あります。実際、7/10、7/17、7/25の売上個
数が大きいことが確認できます。ただし、中央
値はデータの中央だけを示すため、データ全体
の変化や異なる集団の比較には適さない場合が
あります。例えば、「10, 20, 30」の中央値は20
で、「10, 20, 100」や「0, 20, 100」でも変わり
ません。

	A	B	C	D	E	F	G	H
1	店舗別売上個数							
2								
3	日付	駅前店	公園店			駅前店	公園店	
4	7/1	56	44		平均	46.23	56.29	
5	7/2	58	55		中央値	46	44	
6	7/3	70	54		最頻値			
7	7/4	32	41		分散			
8	7/5	30	39		標準偏差			

中央値を代表値として使用す
る場合、その特徴をよく知っ
ておくことが必要だよ！

---

2 最頻値の算出

最頻値は、データの中で最も頻繁に出現す
る値のことです。
最頻値は、**MODE.SNGL関数**を使って求
めます。

=MODE.SNGL（数値1，数値2，・・・）

※引数には、対象のセルやセル範囲などを指定します。

🖱 Try!! 操作しよう

シート「**代表値**」のセル範囲【F6：G6】に、各店舗の最頻値を求めましょう。

	A	B	C	D	E	F	G	H	I	J
1	店舗別売上個数									
2										
3	日付	駅前店	公園店			駅前店	公園店			
4	7/1	56	44		平均	46.23	56.29			
5	7/2	58	55		中央値	46	44			
6	7/3	70	54		最頻値	=MODE.SNGL(B4:B34)				
7	7/4	32	41		分散					

❶ セル【F6】に「=MODE.SNGL（B4：
B34）」と入力します。

最頻値が求められます。

❷ セル【F6】を選択し、セル右下の■（フィルハンドル）をセル【G6】までドラッグします。

数式がコピーされます。

	A	B	C	D	E	F	G	H	I	J
1	店舗別売上個数									
2										
3	日付	駅前店	公園店			駅前店	公園店			
4	7/1	56	44		平均	46.23	56.29			
5	7/2	58	55		中央値	46	44			
6	7/3	70	54		最頻値	53	39			
7	7/4	32	41		分散					

Check!! 結果を確認しよう

駅前店の最頻値は53、公園店は39です。平均と最頻値を比較すると、駅前店は平均より約7大きく、公園店は約17小さいことから、データに偏りがあると推測できます。ただし、最頻値はデータ数が少ない場合には信頼性が低く、すべての値が1回しか出現しない場合は傾向を適切に表せません。

	A	B	C	D	E	F	G	H
1	店舗別売上個数							
2								
3	日付	駅前店	公園店			駅前店	公園店	
4	7/1	56	44		平均	46.23	56.29	
5	7/2	58	55		中央値	46	44	
6	7/3	70	54		最頻値	53	39	
7	7/4	32	41		分散			
8	7/5	30	39		標準偏差			
9	7/6	44	33		最大値			
10	7/7	35	50		最小値			

3つの代表値の特徴を理解し、組み合わせてデータの傾向を把握することが重要だよ！

代表値	メリット	デメリット
平均	集団の値をすべて使って算出される	極端な値に大きく影響を受ける
中央値	極端な値の影響はあまり受けない	中央の値だけを見るので、データ全体の変化を確認したり、異なる集団と比較したりすることには適さない場合がある
最頻値	極端な値の影響はあまり受けない	データの数が少ない場合はあまり意味がない

POINT

出現回数が同じデータがある場合

次のように「3」と「5」が3回ずつ出現している場合、MODE.SNGL関数を使うとデータが先に並んでいる「3」が最頻値として求められます。

1, 3, 3, 5, 7, 5, 8, 9, 5, 3

④ 分散、標準偏差を使ったデータ傾向の把握

売上個数のデータから2店舗の傾向を見るため、代表値として、平均、中央値、最頻値を求めました。これらの代表値はデータの傾向を見るのに役立つ値ですが、それだけでは集団の傾向を把握することはできません。分布が偏っている場合には、代表値という1つの値でデータの全体傾向を表してしまうと、大事なことを見落としてしまうかもしれません。次の例を見てみましょう。

	A	B	C	D
1	曜日	A店売上個数	B店売上個数	
2	月	50	100	
3	火	50	70	
4	水	40	40	
5	木	70	20	
6	金	60	20	
7	土	50	50	
8	日	80	100	
9	平均	57.14	57.14	
10	中央値	50	50	
11	最頻値	50	100	
12				

2店舗の平均は57.14で同じです。しかし、A店の売上個数は平均に近い値が多く、B店の売上個数は平均より多い日もあれば少ない日もあり、売上個数が日によってばらついています。平均が同じであっても、2店舗の傾向は異なるようです。**ばらつき**とは、データの散らばり方のことです。「〇〇からのばらつき」といったように、基準となる点からの差を見ます。一般的には、平均との差で表します。集団のデータがどれくらいばらついているのかを確認することで、よりデータの傾向や特徴が見えてきます。データのばらつきを数値化するには、**分散**や**標準偏差**を使います。

■ 分散の算出

分散は、データのばらつき具合を表す指標です。各データと平均の差（偏差）を二乗して足した値をデータの数で割ったものです。分散が大きいほど平均から離れたデータが多くなります。
分散は、**VAR.S関数**を使って求めます。

> **= VAR.S（数値1，数値2，・・・）**
> ※引数には、対象のセルやセル範囲などを指定します。

29

Try!! 操作しよう

シート「**代表値**」のセル範囲【F7：G7】に、各店舗の分散を求めましょう。

❶ セル【F7】に「=VAR.S（B4：B34）」
と入力します。

分散が求められます。

❷ セル【F7】を選択し、セル右下の■
（フィルハンドル）をセル【G7】まで
ドラッグします。

数式がコピーされます。

※小数第2位までの表示にしておきましょう。

Check!! 結果を確認しよう

駅前店の分散は139.25、公園店の分散は712.88
で、駅前店よりも公園店の方が、データのばら
つきが大きいことがわかります。しかし、分散
の値そのものを見ても、「**どれくらい**」ばらつい
ているかは、あまりイメージできません。

	A	B	C	D	E	F	G	H
1	店舗別売上個数							
2								
3	日付	駅前店	公園店			駅前店	公園店	
4	7/1	56	44		平均	46.23	56.29	
5	7/2	58	55		中央値	46	44	
6	7/3	70	54		最頻値	53	39	
7	7/4	32	41		分散	139.25	712.88	
8	7/5	30	39		標準偏差			
9	7/6	44	33		最大値			
10	7/7	35	50		最小値			
11	7/8	53	48		範囲			

分散の数値を見ただけではなんだかよくわからないなぁ…。

次に紹介する標準偏差を使うと、ばらつきのイメージ
がしやすくなるよ！

2 標準偏差の算出

分散の値は計算途中で二乗した数値なので、パッと見てもどのような意味を持つのかがわかりにくい値です。そのため、一般的にはデータのばらつき具合を見る場合、分散の値のルート（√）をとった値である**標準偏差**を使います。
標準偏差は、**STDEV.S関数**を使って求めます。

= STDEV.S（数値1，数値2，・・・）

※引数には、対象のセルやセル範囲などを指定します。

意味をわかりやすくする工夫が、データ分析の鍵となりそう！

Try!! 操作しよう

シート「**代表値**」のセル範囲【**F8：G8**】に、各店舗の標準偏差を求めましょう。

	A	B	C	D	E	F	G	H	I
1	店舗別売上個数								
2									
3	日付	駅前店	公園店			駅前店	公園店		
4	7/1	56	44		平均	46.23	56.29		
5	7/2	58	55		中央値	46	44		
6	7/3	70	54		最頻値	53	39		
7	7/4	32	41		分散	139.25	712.88		
8	7/5	30	39		標準偏差	=STDEV.S(B4:B34)			
9	7/6	44	33		最大値				
10	7/7	35	50		最小値				
11	7/8	53	48		範囲				
12	7/9	55	67						
13	7/10	37	109						

❶ セル【F8】に「=STDEV.S（B4：B34）」と入力します。

	A	B	C	D	E	F	G	H	I
1	店舗別売上個数								
2									
3	日付	駅前店	公園店			駅前店	公園店		
4	7/1	56	44		平均	46.23	56.29		
5	7/2	58	55		中央値	46	44		
6	7/3	70	54		最頻値	53	39		
7	7/4	32	41		分散	139.25	712.88		
8	7/5	30	39		標準偏差	11.80	26.70		
9	7/6	44	33		最大値				
10	7/7	35	50		最小値				
11	7/8	53	48		範囲				
12	7/9	55	67						
13	7/10	37	109						

標準偏差が求められます。

❷ セル【F8】を選択し、セル右下の■（フィルハンドル）をセル【G8】までドラッグします。

数式がコピーされます。

※小数第2位までの表示にしておきましょう。

駅前店の標準偏差は11.80、売上個数の平均は46.23です。標準偏差は平均からのばらつきを表すので、「46.23−11.80」～「46.23＋11.80」、すなわち「34.43」～「58.03」の間に多くのデータが存在するという意味になります。同様に、公園店では「56.29−26.70」～「56.29＋26.70」、つまり「29.59」～「82.99」の間に多くのデータが存在するという意味になります。

標準偏差を使うと、個数に換算できるので、ばらつき具合をイメージしやすくなります。

	A	B	C	D	E	F	G	H
1	店舗別売上個数							
2								
3	日付	駅前店	公園店			駅前店	公園店	
4	7/1	56	44		平均	46.23	56.29	
5	7/2	58	55		中央値	46	44	
6	7/3	70	54		最頻値	53	39	
7	7/4	32	41		分散	139.25	712.88	
8	7/5	30	39		標準偏差	11.80	26.70	
9	7/6	44	33		最大値			
10	7/7	35	50		最小値			
11	7/8	53	48		範囲			

分散で求めた結果と同じように、駅前店より公園店の方が、ばらつきが大きいといえるね！

POINT

STDEV.P関数とSTDEV.S関数

標準偏差を求める関数には、STDEV.P関数とSTDEV.S関数があります。「P」は「Population（母集団）」、「S」は「Sample（標本）」のことです。収集した全データを対象として分析するのであればSTDEV.P関数、収集したデータを標本として母集団の分散を推定して求めるのであればSTDEV.S関数を使用します。今回は、7月を例に全体の傾向を知るため、7月を標本データとみなして、STDEV.S関数を使用しています。

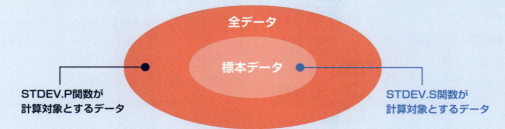

※分散を求めるVAR.P関数とVAR.S関数も同様の使い分けをします。

⑤ 最小値、最大値、範囲を使ったデータ傾向の把握

代表値やばらつきだけでなく、**最小値**、**最大値**、**範囲（レンジ）**を見ることで、全体像をつかむ手掛かりが増え、よりデータの傾向を適切に表すことができます。最小値、最大値、範囲を求めると、データの上限、下限が確認できるので、特異な値、異常値などの発見に役立ちます。
最大値は**MAX関数**、最小値は**MIN関数**を使い、範囲は最大値と最小値の差を求めます。

= MAX（数値1，数値2，・・・）

※引数には、対象のセルやセル範囲などを指定します。

= MIN（数値1，数値2，・・・）

※引数には、対象のセルやセル範囲などを指定します。

データの傾向をつかむためには、最小値や最大値が役立つんだね。

 操作しよう

シート「**代表値**」のセル範囲【F9:G11】に、各店舗の売上個数の最大値、最小値、範囲を求めましょう。

❶ セル【F9】に「=MAX（B4：B34）」と入力します。

最大値が求められます。

❷ セル【F10】に「=MIN（B4：B34）」と入力します。

最小値が求められます。

❸ セル【F11】に「=F9-F10」と入力します。

範囲が求められます。

❹ セル範囲【F9：F11】を選択し、セル範囲右下の■（フィルハンドル）をセル【G11】までドラッグします。

数式がコピーされます。

 **結果を確認しよう**

駅前店と公園店の最小値はほぼ同じですが、最大値は駅前店より公園店が約40大きいです。また、範囲も駅前店より公園店が40大きいです。公園店では、最も売上個数が多い日が116個、最も売上個数が少ない日が30個と差が大きく、日によって売上個数に変動があることがわかります。

最小値がほぼ同じであるにもかかわらず、公園店の最大値が高いことから、駅前店と比較して極端な売上の偏りが発生しているのかも！

6 分析ツールを使った基本統計量の算出

ここまで数式で求めた代表値やばらつきなどは、分析ツールの**基本統計量**を使って一度に求めることができます。分析ツールはExcelの拡張機能（アドイン）です。

1 分析ツールの設定

分析ツールは、アドインを有効にして使用します。分析ツールを有効にしましょう。

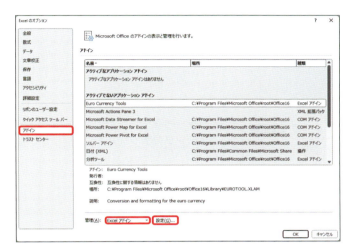

❶《ファイル》タブ→《オプション》をクリックします。

※お使いの環境によっては、《オプション》が表示されていない場合があります。その場合は、《その他》→《オプション》をクリックします。

《Excelのオプション》が表示されます。

❷左側の一覧から《アドイン》を選択します。

❸《管理》の▼をクリックし、一覧から《Excelアドイン》を選択します。

❹《設定》をクリックします。

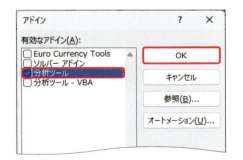

《アドイン》ダイアログボックスが表示されます。

❺《分析ツール》をオンにします。

❻《OK》をクリックします。

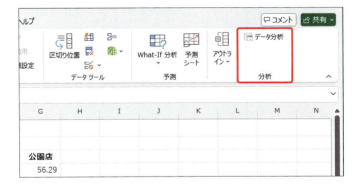

《データ》タブに《分析》グループと《データ分析ツール》が追加されます。

2 基本統計量の算出

代表値やばらつきなどの基本統計量を、分析ツールを使って一度に求めます。

分析ツールを使って基本統計量を算出しましょう。結果はセル【I3】を開始位置として出力します。

> ツールを使うと基本統計量を一度に求めることができるので
> 簡単でいいね！

❶《データ》タブ→《分析》グループの《データ分析ツール》をクリックします。

《データ分析》ダイアログボックスが表示されます。

❷《基本統計量》を選択します。

❸《OK》をクリックします。

《基本統計量》ダイアログボックスが表示されます。

❹《入力範囲》にカーソルが表示されていることを確認します。

❺セル範囲【B3：C34】を選択します。
※選択した範囲が絶対参照で表示されます。

❻《先頭行をラベルとして使用》をオンにします。

❼《出力先》をオンにし、右側のボックスにカーソルを表示します。

❽セル【I3】を選択します。

❾《統計情報》をオンにします。

❿《OK》をクリックします。

各店舗の基本統計量が算出されます。

※列幅を調整しておきましょう。
　列幅によって、小数点以下の桁数が異なります。

Check!! 結果を確認しよう

	駅前店	公園店		駅前店		公園店	
平均	46.23	56.29					
中央値	46	44	平均		46.22580645	平均	56.29032258
最頻値	53	39	標準誤差		2.119398209	標準誤差	4.795426483
分散	139.25	712.88	中央値（メジアン）		46	中央値（メジアン）	44
標準偏差	11.80	26.70	最頻値（モード）		53	最頻値（モード）	39
最大値	73	116	標準偏差		11.80030982	標準偏差	26.69980468
最小値	27	30	分散		139.2473118	分散	712.8795699
範囲	46	86	尖度		-0.375279515	尖度	-0.131607122
			歪度		0.40093173	歪度	1.141921359
			範囲		46	範囲	86
			最小		27	最小	30
			最大		73	最大	116
			合計		1433	合計	1745
			データの個数		31	データの個数	31

代表値 ⊕

平均や中央値、最頻値、分散、標準偏差など数式で求めた値と同じ結果が表示されます。

※ブックに任意の名前を付けて保存し、閉じておきましょう。

標準偏差はSTDEV.S関数の結果と同じです。分析ツールは一部の
データを標本として計算しているよ！

POINT

データの更新

数式で基本統計量を求めた場合、もとになる値を更新すると数式の結果も更新されます。分析ツールを使った場合、もとになる値を更新しても結果は更新されません。データを更新するには、再度、分析ツールを使います。

練習問題をはじめる前に

あなたは、日用品を扱う小売店で、オンライン販売の売上を管理しています。

オンライン販売では、複数の商品を扱っており、日々の売上データが蓄積されています。また、購入者からの評価であるレビューも集まります。レビューは、商品説明のホームページで公開されているので、商品購入前にレビューを見て、購入するかどうかを決める人も多いようです。

扱っている商品のうち、今回、売上を分析する商品と第3四半期の売上データは次のとおりです。

■ 商品リスト

	A	B	C	D	E	F	G	H	I
1	商品リスト								
2									
3	商品コード	分類名	商品名	価格					
4	K001	キッチン用品	スポンジA	150					
5	K002	キッチン用品	スポンジB	150					
6	B001	バス用品	バススポンジA	280					
7	B002	バス用品	バススポンジB	320					

■ 売上データ

	A	B	C	D	E	F	G	H	I	J	K
1	売上データ										
2											
3	No.	売上日	購入者No.	年齢	分類名	商品コード	商品名	価格	売上個数	売上金額	
4	1	2024/10/1	1001	43	キッチン用品	K001	スポンジA	150	10	1,500	
5	2	2024/10/1	1002	47	キッチン用品	K002	スポンジB	150	5	750	
6	3	2024/10/1	1003	42	キッチン用品	K001	スポンジA	150	2	300	
7	4	2024/10/1	1004	32	キッチン用品	K001	スポンジA	150	2	300	
8	5	2024/10/2	1005	34	バス用品	B002	バススポンジB	320	3	960	
9	6	2024/10/2	1006	55	キッチン用品	K002	スポンジB	150	5	750	
10	7	2024/10/3	1007	30	バス用品	B001	バススポンジA	280	2	560	
11	8	2024/10/3	1008	43	バス用品	B002	バススポンジB	320	4	1,280	
12	9	2024/10/3	1009	24	キッチン用品	K001	スポンジA	150	6	900	
13	10	2024/10/4	1010	40	キッチン用品	K002	スポンジB	150	1	150	
14	11	2024/10/4	1011	40	キッチン用品	K001	スポンジA	150	1	150	
15	12	2024/10/4	1012	58	バス用品	B002	バススポンジB	320	1	320	

練習問題を通して、売上の傾向を把握し、様々な分析を行って、売上アップにつながるヒントを見つけましょう！

解答 》 P.2

キッチン用品のスポンジAとスポンジBの日ごとの売上個数をもとに、代表値を求めて、データの傾向を把握しましょう。

🖱 Try!! 操作しよう

➡ ブック「第2章練習問題」を開いておきましょう。

数式を使った代表値の算出

❶ シート「2商品売上個数」のデータをもとに、セル【F4】にスポンジAの売上個数の平均を求めましょう。小数第2位まで表示します。

❷ シート「2商品売上個数」のデータをもとに、セル【F5】にスポンジAの売上個数の中央値、セル【F6】にスポンジAの売上個数の最頻値を求めましょう。

❸ シート「2商品売上個数」のデータをもとに、セル【F7】にスポンジAの売上個数の分散、セル【F8】にスポンジAの売上個数の標準偏差を求めましょう。データを標本とみなして計算し、小数第2位まで表示します。

❹ シート「2商品売上個数」のデータをもとに、セル【F9】にスポンジAの売上個数の最大値、セル【F10】にスポンジAの売上個数の最小値、セル【F11】にスポンジAの売上個数の範囲を求めましょう。

❺ スポンジAの数式をコピーして、スポンジBの平均~範囲を求めましょう。

分析ツールを使った基本統計量の算出

❻ 分析ツールを有効にしましょう。

❼ シート「2商品売上個数」のデータをもとに、分析ツールを使って基本統計量を算出しましょう。結果はセル【I3】を開始位置として出力します。次に、セル【B4】の値を「14」に変更して、基本統計量を再計算しましょう。

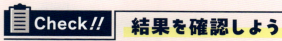

売上個数（第3四半期）

売上日	スポンジA	スポンジB			スポンジA	スポンジB
2024/10/1	14	5	平均		3.53	2.48
2024/10/2	0	5	中央値		2	2
2024/10/3	6	0	最頻値		0	0
2024/10/4	1	1	分散		12.16	9.64
2024/10/5	1	2	標準偏差		3.49	3.10
2024/10/6	4	2	最大値		16	18
2024/10/7	4	0	最小値		0	0
2024/10/8	6	2	範囲		16	18
2024/10/9	4	1				
2024/10/10	1	1				
2024/10/11	4	0				
2024/10/12	2	10				
2024/10/13	0	0				

2商品売上個数

売上個数（第3四半期）

売上日	スポンジA	スポンジB		スポンジA	スポンジB		スポンジA		スポンジB	
2024/10/1	14	5	平均	3.53	2.48					
2024/10/2	0	5	中央値	2	2	平均	3.52809	平均	2.483146
2024/10/3	6	0	最頻値	0	0	標準誤差	0.369651	標準誤差	0.329093
2024/10/4	1	1	分散	12.16	9.64	中央値（メジアン）	2	中央値（メジアン）	2
2024/10/5	1	2	標準偏差	3.49	3.10	最頻値（モード）	0	最頻値（モード）	0
2024/10/6	4	2	最大値	16	18	標準偏差	3.487282	標準偏差	3.104661
2024/10/7	4	0	最小値	0	0	分散	12.16113	分散	9.638917
2024/10/8	6	2	範囲	16	18	尖度	1.930092	尖度	6.455919
2024/10/9	4	1				歪度	1.389865	歪度	2.099046
2024/10/10	1	1				範囲	16	範囲	18
2024/10/11	4	0				最小	0	最小	0
2024/10/12	2	10				最大	16	最大	18
2024/10/13	0	0				合計	314	合計	221
2024/10/14	2	3				データの個数	89	データの個数	89
2024/10/15	5	6							
2024/10/16	1	6							
2024/10/17	1	0							

2商品売上個数

※ブックに任意の名前を付けて保存し、閉じておきましょう。

 結果から、どのようなことが読み取れるだろう？

第 **3** 章

データを視覚化しよう

STEP 1　データを視覚化する

STEP 2　ピボットテーブルを使って集計表を作成する

STEP 3　データの大小・推移・割合を視覚化する

STEP 4　ヒートマップを使って視覚化する

STEP 5　データの分布を視覚化する

STEP 6　時系列データの動きを視覚化する

1 データを視覚化する

前の章では、データの傾向を把握するために、関数や分析ツールを使って、基本統計量を算出しました。データをより把握するために、視覚的にわかりやすくする必要があります。

数字だけでは全体のデータの傾向や特徴はつかみづらい…。

データを視覚化しましょう。収集したデータの合計や平均を項目ごとに集計した表を作成し、グラフや色などを使ってビジュアル化することで、特徴を見つけやすくなるよ！

データを視覚化するために役立つExcelの機能には、次のようなものがあります。

■■ ピボットテーブル

■■ グラフ／ピボットグラフ

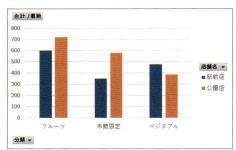

■■ 条件付き書式

	A	B	C	D	E
1	商品別個数比較				
2					
3	分類	商品名	駅前店	公園店	
4	フルーツ	いちごミックス	208	246	
5	フルーツ	バナナミルク	199	229	
6	フルーツ	ブルーベリーヨーグルト	196	247	
7	ベジタブル	キャロット	90	100	
8	ベジタブル	ケール＆レモン	256	168	
9	ベジタブル	フレッシュトマト	131	117	
10	季節限定	ホワイトピーチ	181	267	
11	季節限定	マスクメロン	180	308	
12					

では、グラフを使ってデータを視覚化した例を見てみましょう。

次の4つのグラフ（散布図）は、統計学者フランク・アンスコムが紹介した**アンスコムの例 (Anscombe's Quartet)** と呼ばれる数値例から作成したものです。

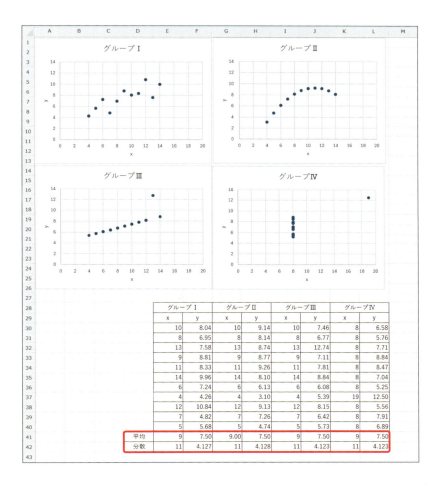

上のグループⅠ～Ⅳについて、基本統計量はすべて同じ値が算出されます。

・x→平均：9、分散：11
・y→平均：7.50、分散：小数第2位までが4.12

どうみても4つのグラフは全く違う形ですが、基本統計量の平均と分散の数値を見ただけでは、4つが同じ傾向であると誤って判断してしまう可能性があります。

データ分析を行うときには、基本統計量の算出だけでなく、データの視覚化も欠かすことのできない重要なステップです。

2 ピボットテーブルを使って 集計表を作成する

ピボットテーブルを使って分析するにはどうすればよい？

① ピボットテーブルを使ったデータの要約

データの個数や合計、平均などデータ全体の要約を効率よく行うには**ピボットテーブル**が便利です。ピボットテーブルを使うと、行・列に項目を配置した**クロス集計表**を作成し、瞬時に要約を行うことができます。

ピボットテーブルを使って、ジューススタンドの7月の売上データを、分類や店舗、商品など様々な角度から要約して、どんな傾向があったのかを確認してみましょう。

Try!! 操作しよう

➡ ブック「第3章」を開いておきましょう。

新しいシートにジュースの分類ごとの売上金額を集計するピボットテーブルを作成しましょう。分類は、行に配置します。

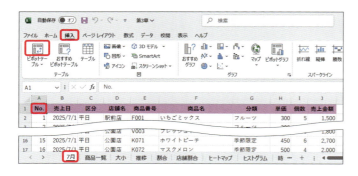

❶ シート「7月」のセル【A1】を選択します。
※表内のセルであれば、どこでもかまいません。

❷ 《挿入》タブ→《テーブル》グループの《ピボットテーブル》をクリックします。

《テーブルまたは範囲からのピボットテーブル》ダイアログボックスが表示されます。

❸ 《テーブル/範囲》に「'7月'!$A$1：$J$488」と表示されていることを確認します。

❹ 《新規ワークシート》をオンにします。

❺ 《OK》をクリックします。

新しいシートが挿入され、《ピボットテーブルのフィールド》作業ウィンドウが表示されます。

❻「分類」を《行》のボックスにドラッグします。

❼「売上金額」を《値》のボックスにドラッグします。

ピボットテーブルが作成されます。

Check!! 結果を確認しよう

分類ごとの売上金額を集計すると、季節限定が最も多く、フルーツが次に多いことがわかります。それでは、季節限定が多くの人に購入されているといえるでしょうか？

売上金額は、「**単価×個数**」の値です。売上金額が多くても、他の分類と比較して、売り上げた個数が多かったかどうかはわかりません。次に、個数に注目して確認してみましょう。

POINT

ピボットテーブル

ピボットテーブルは、「**フィールド名**」、「**フィールド**」、「**レコード**」から構成されるデータを用意し、フィールドを「**行ラベルエリア**」、「**列ラベルエリア**」、「**値エリア**」などに配置して作成します。

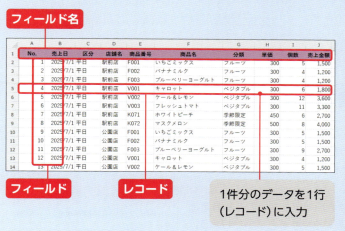

1件分のデータを1行（レコード）に入力

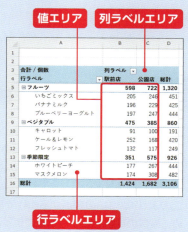

ピボットテーブルの特徴は、大量のデータに対して任意の分析の軸となる**ピボット（pivot）**を設定して、**表（table）**を作成できることです。

ピボットテーブルを作成したあとに、フィールドを追加したり削除したりして集計の対象を入れ替えて、異なる視点でデータを要約できます。見えなかった意外な傾向が見えてくるかもしれません。

1 フィールドの追加

ピボットテーブルに個数を追加して、分類ごとの売上の特徴を確認してみましょう。

Try!! 操作しよう

作成したピボットテーブルに個数の集計を
追加しましょう。

どのように個数を表示
させるのだろう？

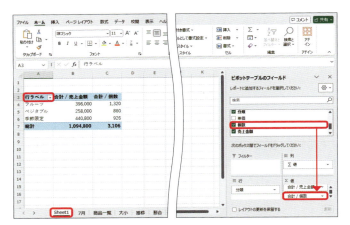

❶ シート「Sheet1」のセル【A3】を選択します。
※ピボットテーブル内のセルであれば、どこでもかまいません。

❷《ピボットテーブルのフィールド》作業ウィンドウの「**個数**」を、《**値**》のボックスの「**合計/売上金額**」の下にドラッグします。

個数の合計が追加されます。

Check!! 結果を確認しよう

分類ごとの個数の合計は、フルーツが最も多く、季節限定が次に多くなっており、売上金額とは順序が逆であることがわかります。季節限定の商品の単価がフルーツよりも高いことが関係しているのかもしれません。

このように、1つの視点からだけでは判断が付かないこともあるため、複数の項目を組み合わせて集計表を作成するとよいでしょう。

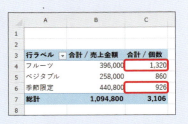

❷ フィールドの変更

視点を変更して、分類に加えて店舗ごとの売上の特徴を確認してみましょう。

Try!! 操作しよう

ピボットテーブルの売上金額の集計を削除し、列に店舗名を追加しましょう。

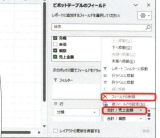

❶ シート「Sheet1」のセル【A3】を選択します。

※ピボットテーブル内のセルであれば、どこでもかまいません。

❷《ピボットテーブルのフィールド》作業ウィンドウの《値》のボックスの「合計/売上金額」をクリックします。

❸《フィールドの削除》をクリックします。

❹《ピボットテーブルのフィールド》作業ウィンドウの「店舗名」を、《列》のボックスにドラッグします。

分類と店舗名ごとの個数を集計するクロス集計表が作成されます。

Check!! 結果を確認しよう

クロス集計表を見ると、駅前店のフルーツは598個、公園店のフルーツは722個売れており、差は124個です。公園店は駅前店よりもフルーツの売れ行きが大変良いと結論づけてもよいでしょうか？

各店舗の総計が異なるため、単純に売上個数の数値だけを比較して売れ行きを判断することは適切ではありません。総計が異なっていても比較ができるように集計方法を変更してみることも重要です。

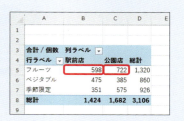

売上個数だけではなく総計も考慮して各店舗の売れ行きを判断するという視点が必要だよ！

異なる集計方法で視点を変える

値エリアの集計方法は、値エリアに配置するフィールドのデータの種類によって異なります。初期の設定では、数値は**合計**、文字列と日付は**データの個数**が集計されます。単に数値の大きさだけで比較することが適切でないときには、割合を求めたり、平均を求めたりして比較します。店舗間の比較ができるよう、各店舗の売上個数の総計を100%とした割合で表示してみましょう。

Try!! 操作しよう

各店舗でそれぞれの分類が何パーセント売れているのかがわかりやすそう！

各店舗の売上個数の総計を100%として、各分類の売上個数の割合を確認しましょう。

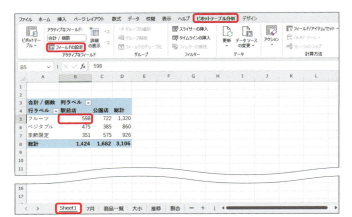

❶ シート「Sheet1」のセル【B5】を選択します。
※値エリアのセルであれば、どこでもかまいません。

❷ 《ピボットテーブル分析》タブ→《アクティブなフィールド》グループの《フィールドの設定》をクリックします。

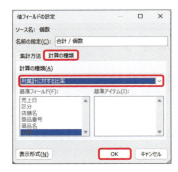

《値フィールドの設定》ダイアログボックスが表示されます。

❸ 《計算の種類》タブを選択します。

❹ 《計算の種類》の▼をクリックし、一覧から《列集計に対する比率》を選択します。

❺ 《OK》をクリックします。

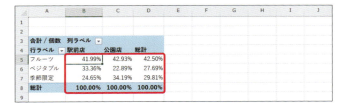

列集計に対する比率が表示されます。

結果を確認しよう

個数そのものを比較した結果、駅前店のフルーツは598個、公園店のフルーツは722個でした。各店舗の総計を100%とした割合を見ると、駅前店のフルーツは駅前店全体の売上個数のうち41.99%、公園店のフルーツは公園店全体の売上個数のうち42.93%を占めていることがわかります。2店舗を比較すると、フルーツが占める割合に大きな差はありません。

このように見ていくと、公園店は駅前店よりもフルーツの売れ行きが大変良いとは判断できません。

次は、分類だけでなく商品ごとの視点も加えてみましょう！

第3章 データを視覚化しよう

POINT

集計方法の変更

《値フィールドの設定》ダイアログボックスの《集計方法》タブを使うと、集計方法を平均や最大、最小などに変更できます。

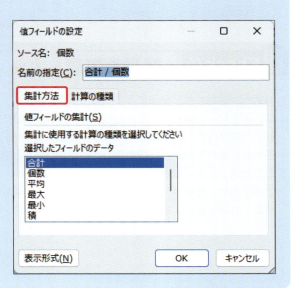

④ 詳細の分析

分析では、大きな視点から詳細な視点へ進めると、データの全体像を把握しやすくなります。先ほどは分類と店舗別個数のクロス集計表を作成しました。この表に項目を追加したり、詳細データを表示したりして詳しく確認しましょう。

❶ 詳細行の追加

ピボットテーブルの行ラベルエリアや列ラベルエリアに複数のフィールドを配置すると、下側に追加したフィールドが詳細行として表示されます。

分類よりも細かく具体的な個別の商品データについて分析できそう！どうやるのだろう？

 操作しよう

ピボットテーブルの行に商品名を追加しましょう。

❶ シート「**Sheet1**」のセル【**A3**】を選択します。

※ピボットテーブル内のセルであれば、どこでもかまいません。

❷ 《ピボットテーブルのフィールド》作業ウィンドウの「**商品名**」を、《行》のボックスの「**分類**」の下にドラッグします。

各分類の詳細行として「**商品名**」が追加されます。

📋 Check!! 結果を確認しよう

詳細行が追加され、商品ごとの個数の割合が表示されます。例えば、分類単位で見るとベジタブルの駅前店と公園店の割合は約11%の差があります。追加した詳細行の各商品の割合を見ると、駅前店のケール＆レモンが突出して割合が大きくなっていることが見えてきます。
このように、分類単位での要約だけでは見えていないものが、詳細を表示すると見えてきます。

	A	B	C	D
1				
2				
3	合計 / 個数		列ラベル	
4	行ラベル		駅前店	公園店	総計
5	⊟フルーツ		41.99%	42.93%	42.50%
6	いちごミックス		14.40%	14.63%	14.52%
7	バナナミルク		13.76%	13.61%	13.68%
8	ブルーベリーヨーグルト		13.83%	14.68%	14.29%
9	⊟ベジタブル		33.36%	22.89%	27.69%
10	キャロット		6.39%	5.95%	6.15%
11	ケール＆レモン		17.70%	9.99%	13.52%
12	フレッシュトマト		9.27%	6.96%	8.02%
13	⊟季節限定		24.65%	34.19%	29.81%
14	ホワイトピーチ		12.43%	15.87%	14.29%
15	マスクメロン		12.22%	18.31%	15.52%
16	総計		100.00%	100.00%	100.00%
17				

❷ 詳細データの表示

要約したクロス集計表に気になる値があった場合、ピボットテーブルのその値のセルをダブルクリックすると新しいシートに詳細データを表示できます。

駅前店と公園店のケール＆レモンの詳細データをそれぞれ表示し、個数の降順に並べ替えましょう。シート名は「**駅前店詳細**」、「**公園店詳細**」に変更します。

❶ 駅前店のケール＆レモンの値（セル【B11】）をダブルクリックします。

新しいシートに詳細データが表示されます。

※列幅を調整しておきましょう。

❷ 「**個数**」の▼をクリックします。

❸ 《**降順**》をクリックします。

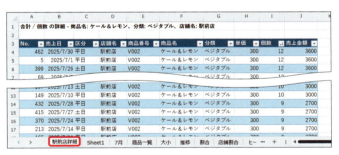

個数の降順に並び替わります。

❹ シート「**詳細1**」のシート見出しをダブルクリックします。

❺ 「**駅前店詳細**」と入力します。

❻ 同様に公園店のケール＆レモンの詳細データを個数の降順に表示し、シート名を変更します。

※次の操作のために、シート「Sheet1」を表示しておきましょう。

駅前店と公園店のケール＆レモンの日々の売上データを比較すると、公園店より駅前店は10個以上売り上げている日が多いことがわかります。

また、特定の日に集中することなく、コンスタントに売上が高い傾向にあることもわかります。

分析を行うときには、大きな視点から詳細な視点の順で見ると、データの全体像が把握しやすくなります。先に詳細な部分を重点的に見てしまうと、勘違いをしたまま分析を進めてしまったり、大きな流れに気が付かず誤った判断をしてしまったりすることがあるので、注意しましょう。

POINT

データの更新

ピボットテーブルと、もとになるデータは連動しています。もとになるデータを変更した場合には、ピボットテーブルのデータを更新して、最新の集計結果を表示します。

◆《ピボットテーブル分析》タブ→《データ》グループの《更新》

また、詳細データはもとのデータと連動していません。更新が必要な場合は、再度、詳細データのシートを作成します。

フィールドのグループ化

行や列に配置した日付フィールドは、必要に応じて、日単位、月単位、年単位などにグループ化して集計できます。数値フィールドは、10単位、100単位のようにグループ化して集計できます。
例えば、日付を7日ごとにグループ化して各週の値を比較したり、年齢をグループ化して各年代の値を比較したりすることができます。

◆《ピボットテーブル分析》タブ→《グループ》グループの《フィールドのグループ化》

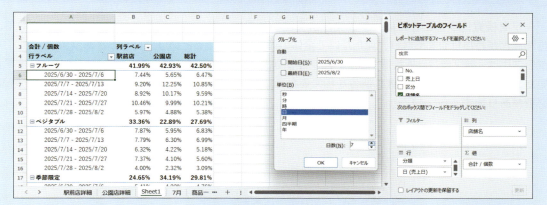

STEP UP

フィールドの展開/折りたたみ

列ラベルエリアや行ラベルエリアにフィールドを複数配置すると、自動的に⊟が表示されます。
⊟をクリックすると詳細が折りたたまれ、⊞をクリックすると展開されます。
また、《ピボットテーブル分析》タブ→《アクティブなフィールド》グループの《フィールドの折りたたみ》や《フィールドの展開》をクリックすると、まとめて折りたたみや展開ができます。

3 データの大小・推移・割合を視覚化する

データを視覚化するにはどうすればよい？

① グラフによる視覚化

データを視覚化するときには、**グラフ**がよく使われます。グラフを使うと、データの大きさや差、推移などがわかりやすくなり、見ただけで全体の傾向がつかめるというメリットがあります。
グラフには、棒グラフ、折れ線グラフ、円グラフなど様々な種類があり、それぞれに特徴があります。見た人にわかりやすく、正確な情報を伝えるためには、分析する目的にあった最適なグラフを選ぶ必要があります。

合計 / 個数	列ラベル ▼		
行ラベル ▼	駅前店	公園店	総計
フルーツ	598	722	1,320
ベジタブル	475	385	860
季節限定	351	575	926
総計	1,424	1,682	3,106

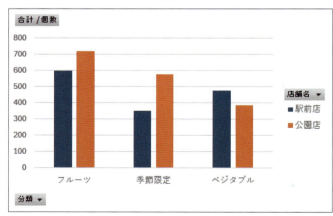

数値を視覚化すると特徴をつかみやすいね！

② 棒グラフを使った大小の比較

項目間の大小の比較に適しているのは**棒グラフ**です。データの大きさを棒の長さで把握できます。名前順、時間順、データの多い順など、一定の基準に沿って並べ替えてからグラフを作成するとよいでしょう。

棒グラフには、縦棒グラフや横棒グラフなどの種類があります。

棒グラフ

1つの項目に1本の棒を配置し、棒の大小で項目を比較します。

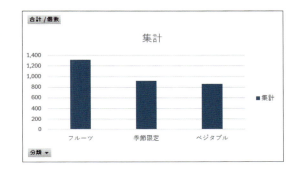

集合棒グラフ

1つの項目に複数の棒を配置し、同じグループ内で複数の項目を比較します。

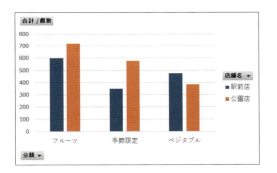

積み上げ棒グラフ

1つの項目に複数のデータを積み上げた1本の棒を配置し、項目ごとの合計値と内訳を同時に比較します。

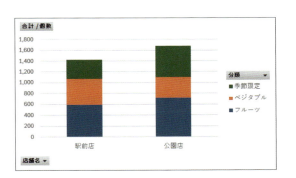

項目数が多い場合や項目名が長い場合は、横棒グラフを使うと見やすくなるよ！

◾ 棒グラフの作成

ここでは、ピボットテーブルをもとにピボットグラフを作成します。

Try!! 操作しよう

シート「**大小**」に分類ごとの個数を表す縦棒グラフを
作成して、個数の大小を比較しましょう。縦棒は個数
の降順で表示します。

縦棒グラフはどうやって
作成するのだろう？

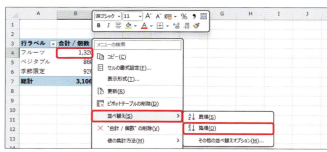

❶シート「**大小**」のセル【B4】を右クリッ
クします。

※ピボットテーブル内のセルであれば、どこで
もかまいません。

❷《**並べ替え**》→《**降順**》をクリックします。

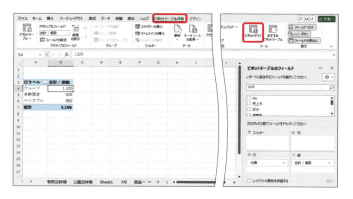

個数の降順に並び替わります。

❸《**ピボットテーブル分析**》タブ→《**ツー
ル**》グループの《**ピボットグラフ**》を
クリックします。

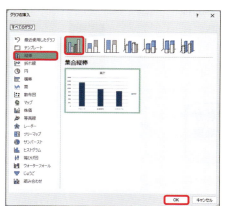

《**グラフの挿入**》ダイアログボックスが
表示されます。

❹左側の一覧から《**縦棒**》を選択します。

❺右側の一覧から《**集合縦棒**》を選択し
ます。

❻《**OK**》をクリックします。

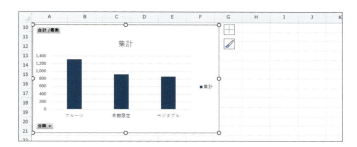

グラフが作成されます。
※グラフの位置とサイズを調整しておきましょう。

Check!! 結果を確認しよう

分類ごとの売上個数を比較すると、フルーツが最も多いことが視覚的にはっきりします。フルーツと季節限定の差は、季節限定とベジタブルの差よりも大きいことが、グラフの棒の長さから判断できます。

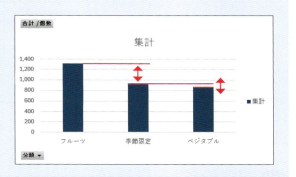

POINT

ピボットグラフ

ピボットテーブルをもとに作成したグラフを**ピボットグラフ**といいます。ピボットグラフは、アクティブセルがピボットテーブル内にあるだけで、範囲選択をしなくても簡単に作成できます。また、ピボットテーブルと同様に、ドラッグするだけで簡単に項目を入れ替えたり、必要なデータだけを表示したりできます。

◆《ピボットテーブル分析》タブ→《ツール》グループの《ピボットグラフ》

❷ 系列の追加

縦棒グラフに店舗名の系列を追加します。ピボットグラフでは、ピボットテーブルと同様に《ピボットグラフのフィールド》作業ウィンドウを使って、フィールドを追加できます。

 操作しよう

ピボットグラフに店舗名の系列を追加し、
個数の大小を比較しましょう。

さらに視覚的に分析できそう！

❶ ピボットグラフを選択します。

❷ 《ピボットグラフのフィールド》作業ウィンドウの「店舗名」を、《凡例（系列）》のボックスにドラッグします。

グラフに店舗名の系列が追加されます。

Check!! 結果を確認しよう

フルーツと季節限定の売上個数は、公園店が駅前店よりも多く、ベジタブルは逆であることがわかります。ベジタブルは2店舗の差が小さく、季節限定は差が大きいことが読み取れます。

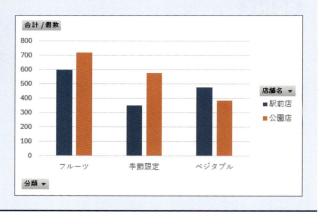

STEP UP

グラフの種類の変更

グラフを作成したあとに、グラフの種類を変更できます。

◆《デザイン》タブ→《種類》グループの《グラフの種類の変更》

❸ 棒グラフの注意点

棒グラフを作成する際には、次のような点に注意しましょう。

■■ 軸ラベル

縦軸や横軸に配置した項目がわかるように、軸ラベルを表示するとよいでしょう。

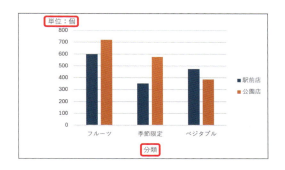

■■ 数値軸の原点（最小値）

原点が0でない場合、データの差が実際よりも強調されて見えたり、他のグラフと比較したときに誤った判断をしてしまったりすることがあります。例えば、右側のグラフは、最小値が800になっています。左側のグラフと比較すると、差がとても大きく見えてしまいます。

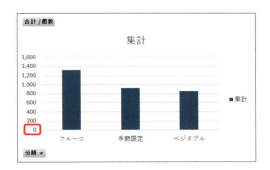

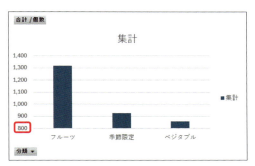

POINT

グラフの作成

ピボットテーブルではないセル範囲からグラフを作成する方法は次のとおりです。

◆グラフのもとになるセル範囲を選択→《挿入》タブ→《グラフ》グループ

③ 折れ線グラフを使った推移の把握

時間の経過によるデータの推移を見るのに適しているのは**折れ線グラフ**です。データの増減を折れ線の角度から把握できます。

折れ線グラフ

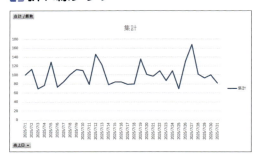

> **例**
>
> 次のような例を見てみましょう。どちらも同じように山型の折れ線グラフですが、どのような違いがあるでしょうか?

❶
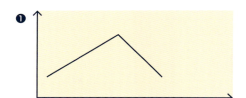

急激にピークを迎えたあと、急激に落ち込んでいます。

❷
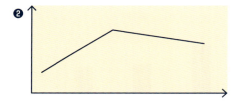

急激にピークを迎えたあと、ゆるやかに下がっています。同じ山型の折れ線グラフであっても、傾向が異なることがわかります。

❶と❷のピークの部分からの落ち込みの理由を分析することで、分析に関する何かヒントが得られる可能性があるよ!

実際に分析をしてみなければわかりませんが、❶では、ピークの部分で減少に転じる大きな出来事があったかもしれません。❷では、ピークを迎えたあと、これ以上は成長の余地がないなどの理由が考えられるかもしれません。このように、折れ線グラフでは、線の角度、山と谷の数などによって、データの推移と変化の度合いを把握することができます。

なお、系列が複数あり、線の数が多くなる場合は、区別が付きやすいように色を工夫したり、線の種類を使い分けたりして、グラフを見やすくするとよいでしょう。

❶ 折れ線グラフの作成

折れ線グラフを作成して個数の推移を確認します。

 Try!! 操作しよう

シート「**推移**」に折れ線グラフを作成して、1か月間の個数の推移を確認しましょう。

折れ線グラフはどうやって作成するのだろう？

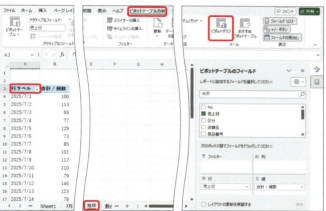

❶ シート「推移」のセル【A3】を選択します。
※ピボットテーブル内のセルであれば、どこでもかまいません。

❷《ピボットテーブル分析》タブ→《ツール》グループの《ピボットグラフ》をクリックします。

《グラフの挿入》ダイアログボックスが表示されます。

❸ 左側の一覧から《折れ線》を選択します。

❹ 右側の一覧から《折れ線》を選択します。

❺《OK》をクリックします。

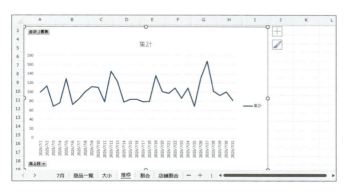

グラフが作成されます。
※グラフの位置とサイズを調整しておきましょう。

折れ線グラフには、いくつかの山があります。山は、ほぼ一定の間隔で出現しています。グラフの角度に着目すると、個数が80前後の日が続いたあと、急激にピークを迎え、急激に落ち込んでいる、という動きが繰り返し出現していることが読み取れます。

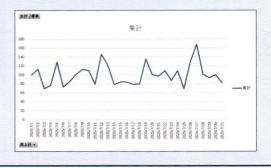

② 系列の追加

さらに、詳細の傾向を見るため、折れ線グラフに店舗名の系列を追加します。

ピボットグラフに店舗名の系列を追加し、個数の推移を比較しましょう。

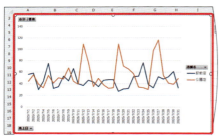

❶ ピボットグラフを選択します。

❷ 《ピボットグラフのフィールド》作業ウィンドウの「**店舗名**」を、《**凡例（系列）**》のボックスにドラッグします。

グラフに店舗名の系列が追加されます。
※グラフの位置とサイズを調整しておきましょう。

公園店のグラフは増減が急で明確です。一方、駅前店は急激な変動は少なく、安定した売上が見られます。さらに、2店舗の折れ線グラフの動きを比較すると、公園店がピークの日は、駅前店の売上がやや落ち込んでいるように見えます。

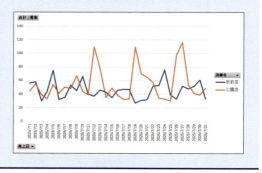

❸ 曜日の表示

公園店の個数がピークで、駅前店の個数が少し落ち込んでいる日に着目してみます。
7月5日、12日…、あたりが該当します。曜日を確認してみましょう。

Try!! 操作しよう

グラフの横軸の表示形式を変更して、売上日の曜日を表示しましょう。表示形式は「m/d(aaa)」にします。

曜日から何かわかることがあるかもしれない。どうやって曜日を表示させるのだろう？

❶ グラフの横軸を選択します。

❷《ピボットグラフ分析》タブ→《アクティブなフィールド》グループの《フィールドの設定》をクリックします。

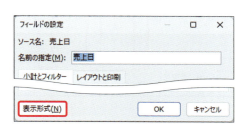

《フィールドの設定》ダイアログボックスが表示されます。

❸《表示形式》をクリックします。

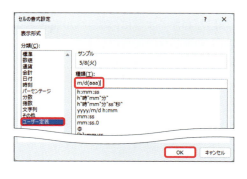

《セルの書式設定》ダイアログボックスが表示されます。

❹《分類》の《ユーザー定義》をクリックします。

❺《種類》に「m/d(aaa)」と入力します。
※半角で入力します。

❻《OK》をクリックします。

《フィールドの設定》ダイアログボックスに戻ります。

❼《OK》をクリックします。

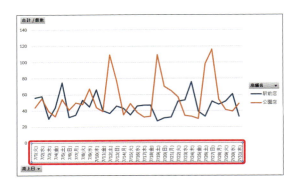

グラフの横軸に曜日が表示されます。
※グラフのサイズを調整しておきましょう。

公園店の個数がピークで、駅前店の個数が少し
落ち込んでいる日は、土曜日、日曜日であるこ
とが確認できます。このことから、公園店は、
土曜日、日曜日に売上個数が多いことがわかり
ます。また、公園店ほど大きな差はないものの、
駅前店は土曜日、日曜日に少し売上個数が少な
い傾向があることがわかります。

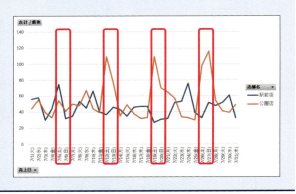

❹ 折れ線グラフの注意点

棒グラフと同様に、縦軸や横軸に配置した項目がわかるように、軸ラベルを表示するとよいでしょう。
また、特別な事情がなければ、原点を0以外に変更しないようにします。

POINT

ユーザー定義の表示形式

ユーザーが独自に表示形式を定義することができます。数値に単位を付けて表示したり、日付に曜日を
付けて表示したりして、見え方を変更できます。

日付の表示形式の例

表示形式	入力データ	表示結果	備考
yyyy/m/d（aaa）	2025/4/1	2025/4/1（火）	
yyyy/mm/dd（aaa）	2025/4/1	2025/04/01（火）	月日が1桁の場合、「0」を付けて表示します。

④ 円グラフ、100%積み上げ棒グラフを使った割合の比較

各項目の比率や内訳を示すのに適しているのは**円グラフ**です。1つの円を扇形に分割し、その面積によって割合を表します。通常、割合の大きい順に時計周りで配置します。ただし、年代のように順序に意味がある場合は、割合の大きい順にする必要はありません。

円グラフの項目数は、2～8個程度までとします。それ以上多くなる場合は、割合の小さいデータを「**その他**」としてまとめて表示するか、補助グラフを使うとよいでしょう。

円グラフ

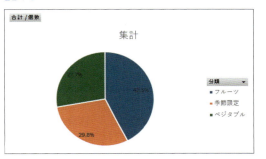

補助グラフ付き円グラフ

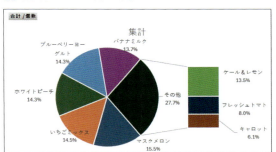

また、複数の系列を比較するときは、**100%積み上げ棒グラフ**を使って視覚化するとよいでしょう。100%積み上げ棒グラフは、「**帯グラフ**」ともいいます。

100%積み上げ棒グラフ（帯グラフ）

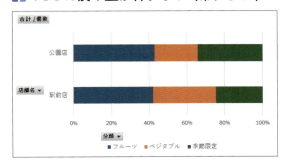

▌ 円グラフの作成

円グラフを作成し、分類ごとの売上個数の割合を比較してみましょう。

Try!! 操作しよう

シート「**割合**」に円グラフを作成し、分類ごとの売上個数の割合を比較しましょう。データラベルをグラフの内部外側に表示し、小数第1位までのパーセントにします。

割合を視覚的に見れる円グラフはどうすれば作成できるのだろう？

❶ シート「**割合**」のセル【A3】を選択します。

※ピボットテーブル内のセルであれば、どこでもかまいません。

※ピボットテーブルはB列の個数の降順で表示されています。

❷ 《ピボットテーブル分析》タブ→《ツール》グループの《ピボットグラフ》をクリックします。

《グラフの挿入》ダイアログボックスが表示されます。

❸ 左側の一覧から《円》を選択します。

❹ 右側の一覧から《円》を選択します。

❺ 《OK》をクリックします。

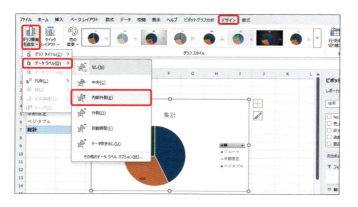

グラフが作成されます。

❻ 《デザイン》タブ→《グラフのレイアウト》グループの《グラフ要素を追加》→《データラベル》→《内部外側》をクリックします。

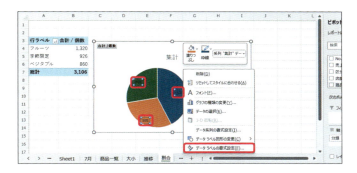

データラベルが表示されます。

❼ データラベルを右クリックします。
※データラベルであれば、どれでもかまいません。

❽《データラベルの書式設定》をクリックします。

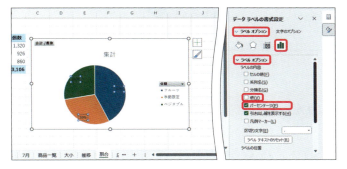

❾《データラベルの書式設定》作業ウィンドウが表示されます。

❿《ラベルオプション》の《ラベルオプション》をクリックします。

⓫《ラベルオプション》の詳細が表示されていることを確認します。
※表示されていない場合は、《ラベルオプション》をクリックします。

⓬《ラベルの内容》の《値》をオフ、《パーセンテージ》をオンにします。

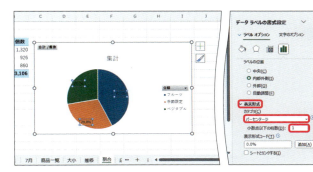

⓭《表示形式》をクリックして、詳細を表示します。
※表示されていない場合は、スクロールして調整します。

⓮《カテゴリ》の▼をクリックし、一覧から《パーセンテージ》を選択します。

⓯《小数点以下の桁数》に「1」と入力します。

データラベルの表示が変更されます。
※《データラベルの書式設定》作業ウィンドウを閉じておきましょう。
※グラフの位置とサイズを調整しておきましょう。

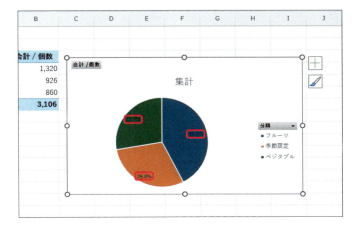

分類ごとの売上個数の割合が確認できます。
フルーツが全体の42.5%を占めており、重要
な商品分類であることがわかります。

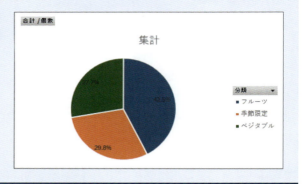

2 円グラフの注意点

円グラフを確認する際には、次のような点に注意しましょう。

● 値の比較

円グラフは割合を中心の角度で割り振るため、
扇形の面積の差が大きくなる傾向があります。
正確に値を比較する場合には、パーセント値を
よく見るようにします。

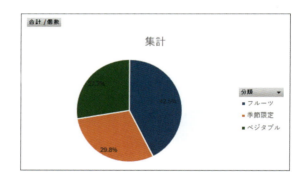

● 3-D円グラフ

3-D円グラフは、奥行きを持たせたグラフです。
右のグラフを見ると、フルーツは42.5%、季
節限定は29.8%ですが、手前が大きく奥が小
さく表示されるため、フルーツと季節限定が同
じくらいに見えます。

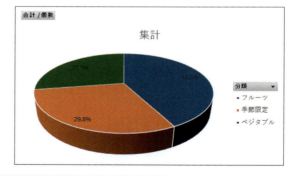

3-D円グラフは数値は正しいですが、客観的に判断する場合には
あまり向いていません。

❸ 100%積み上げ棒グラフの作成

100%積み上げ棒グラフを作成し、2店舗の割合を比較してみましょう。

Try!! 操作しよう

店舗と分類ごとの売上個数の割合のデータが一目で分析できて便利そうだね！

シート「**店舗割合**」に、100%積み上げ横棒グラフを作成し、2店舗の売上個数の割合を比較しましょう。縦軸に「**店舗名**」、凡例に「**分類**」を表示し、凡例の位置は「**下**」にします。

❶ シート「店舗割合」のセル【A3】を選択します。

※ピボットテーブル内のセルであれば、どこでもかまいません。

❷ 《ピボットテーブル分析》タブ→《ツール》グループの《ピボットグラフ》をクリックします。

《グラフの挿入》ダイアログボックスが表示されます。

❸ 左側の一覧から《横棒》を選択します。

❹ 右側の一覧から《100%積み上げ横棒》を選択します。

❺ 《OK》をクリックします。

グラフが作成されます。

❻ 《デザイン》タブ→《データ》グループの《行/列の切り替え》をクリックします。

《ピボットグラフのフィールド》作業ウィンドウの《凡例（系列）》と《軸（分類項目）》が入れ替わり、グラフにも反映されます。

❼《デザイン》タブ→《グラフのレイアウト》グループの《グラフ要素を追加》→《凡例》→《下》をクリックします。

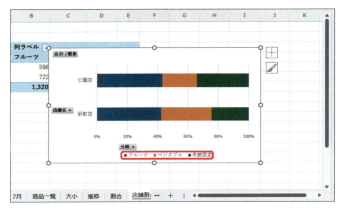

凡例の位置が変更されます。
※グラフの位置とサイズを調整しておきましょう。

Check!! 結果を確認しよう

公園店は、フルーツ、季節限定、ベジタブルの順で売上個数の割合が大きいです。駅前店は、フルーツ、ベジタブル、季節限定の順で売上個数の割合が大きいです。2店舗を比較すると、フルーツはあまり差がありません。駅前店は、定番商品のフルーツとベジタブルで売上の70%以上を占め、季節限定の割合が小さいのに対し、公園店は季節限定の割合が大きく、2店舗の売上傾向が異なることがわかります。

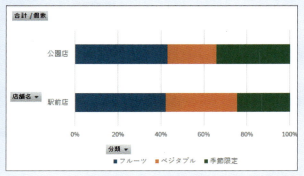

このように100%積み上げ棒グラフでは、季節限定とベジタブルの売上個数の割合の違いが一目でわかるね！

4 ヒートマップを使って視覚化する

表組みのままデータを視覚化するにはどうすればよい？

① カラースケールによる視覚化

データを視覚化するには、データの大小を色の濃淡で表す**ヒートマップ**もよく使われます。ヒートマップは個々のデータの比較にはあまり適していませんが、データ全体の傾向をひと目で把握することに適しています。「**条件付き書式**」の「**カラースケール**」を使って、セルを色分けしたヒートマップを作成できます。

🖱 Try!! 操作しよう

シート「**ヒートマップ**」に、「**赤、白のカラースケール**」を適用したヒートマップを作成し、売上個数の傾向を確認しましょう。

作成した表をグラフ化せず
そのまま使えてよさそう！

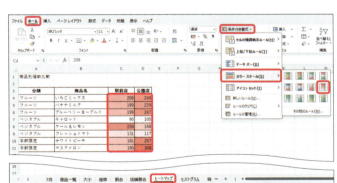

❶ シート「ヒートマップ」のセル範囲【C4：D11】を選択します。

❷ 《ホーム》タブ→《スタイル》グループの《条件付き書式》→《カラースケール》→《赤、白のカラースケール》をクリックします。

ヒートマップが作成されます。

	A	B	C	D	E	F
1	商品別個数比較					
2						
3	分類	商品名	駅前店	公園店		
4	フルーツ	いちごミックス	208	246		
5	フルーツ	バナナミルク	199	229		
6	フルーツ	ブルーベリーヨーグルト	196	247		
7	ベジタブル	キャロット	90	100		
8	ベジタブル	ケール＆レモン	256	168		
9	ベジタブル	フレッシュトマト	131	117		
10	季節限定	ホワイトピーチ	181	267		
11	季節限定	マスクメロン	180	308		
12						

「**赤、白のカラースケール**」を適用すると、値の大きいセルが濃い赤、値の小さいセルが白となる濃淡で色分けされます。

列方向に店舗を比較してみると、公園店に濃い赤のセルが多いため、売上個数が多い傾向にあることがわかります。

行方向に分類、商品名を比較してみると、ベジタブルの3商品のセルの色が薄いので、売上個数が少ない傾向にあることがわかります。さらにベジタブルの中でも、キャロットとフレッシュトマトは2店舗ともセルの色が薄いですが、ケール＆レモンはセルの色が濃い様子が目立ちます。

ケール＆レモンは、ベジタブルの中では売れ筋であるといえるね！

POINT

カラースケールの詳細設定

《ホーム》タブ→《スタイル》グループの《条件付き書式》→《カラースケール》→《ルールの管理》を使うと、色分けのルールを細かく設定することができます。カラースケールは、2色または3色のスケールから選択でき、最小値、中間値、最大値の値や色を設定できます。

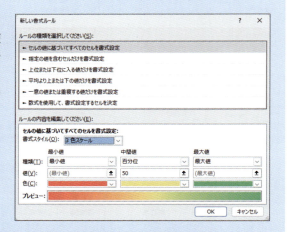

多くの色を使ってカラフルにし過ぎると、判断の邪魔になるので、シンプルな濃淡を選択するとよいでしょう。

また、色にはイメージがあります。例えば、気温のデータならば、低い（寒い）ときには青のような寒色、高い（暖かい）ときには赤のような暖色がよく使われます。逆の色使いをしてしまうと、見る側が混乱する場合があるため注意しましょう。

STEP 5 データの分布を視覚化する

全体の傾向がつかみやすいヒストグラムの作成はどうすればよい？

① ヒストグラムによる視覚化

ヒストグラムもデータ分析で重要な手法です。ヒストグラムは、データ範囲を区間で区切り、その区間内にデータがいくつあるかを視覚化します。代表値だけでは判断が付きにくいデータのばらつきや全体の傾向を確認することができます。ヒストグラムは、グラフの機能を使って、簡単に作成できます。

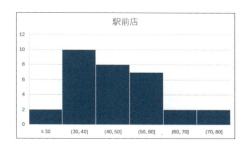

■ ヒストグラムの作成
売上個数のばらつきを視覚化しましょう。

Try!! 操作しよう

ヒストグラムはどうやって作成するのだろう？

シート「**ヒストグラム**」に、駅前店の売上個数のばらつきを表すヒストグラムを作成しましょう。

❶ シート「**ヒストグラム**」のセル範囲【B4：B34】を選択します。

❷ 《挿入》タブ→《グラフ》グループの《統計グラフの挿入》→《ヒストグラム》の《ヒストグラム》をクリックします。

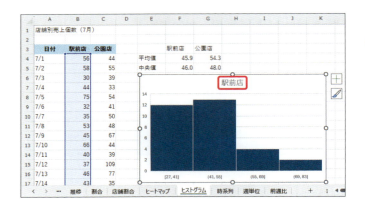

ヒストグラムが作成されます。

❸《グラフタイトル》を「駅前店」に修正します。

※グラフの位置とサイズを調整しておきましょう。

 Check!! 結果を確認しよう

ヒストグラムでは、まず山がある部分に着目します。このデータでは、左側から2つ目の区間が最も大きいです。横軸の[41,55]は、売上個数が41個から55個までの区間を意味しています。系列をポイントすると、「値：13」と表示され、41個から55個の日数が13であることがわかります。平均は45.9なので、この区間に含まれます。また、左側の2区間で1か月の半数以上の日数を占めています。

しかし、区間幅は自動で設定されており、ヒストグラムの棒の数が少ないため、細かな分布は視覚化されていません。

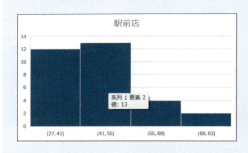

より詳細にデータの傾向を確認するには、区間幅や棒の数を変更してみるとよいでしょう！

---

2 区間幅の変更

ヒストグラムの区間幅は「**ビンの幅**」、棒の数は「**ビンの数**」で設定します。

「ビン」とは、データをグループ化して分類する際の区間や範囲のことをいいます！

Try!! 操作しよう

ヒストグラムの区間幅を「**10**」に設定しましょう。

❶ ヒストグラムの横軸を右クリックします。

❷ 《軸の書式設定》をクリックします。

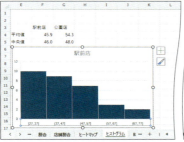 

《軸の書式設定》作業ウィンドウが表示されます。

❸ 《軸のオプション》の《軸のオプション》をクリックします。

❹ 《軸のオプション》の詳細が表示されていることを確認します。
※表示されていない場合は、《軸のオプション》をクリックします。

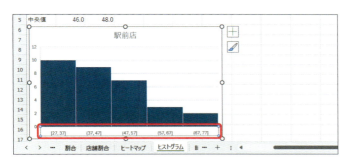

❺ 《ビン》の《ビンの幅》をオンにし、「10」と入力します。
※表示されていない場合は作業ウィンドウの幅を調整します。
※「10.0」と表示されます。

区間幅が変更されます。

📋 **Check!!** **結果を確認しよう**

区間幅を10に変更すると、棒の数が増え、ヒストグラムの形が変わります。左側の区間の日数が多いことは同じです。しかし、区間幅を10に変更しても、27、37、47、…のように区間の開始と終了の値のキリがよくないため、他店舗のヒストグラムと比較することは難しいです。この場合は、開始の値を調整するとよいでしょう。

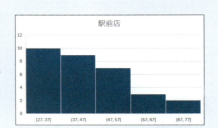

確かに区間幅の値のキリが悪いと分析しづらいな…

❸ アンダーフローの設定

「アンダーフロー」を設定すると、区間の開始の値を変更できます。アンダーフローに設定した値以下の数値は、1つの区間にまとめて表示されます。

「アンダーフロー」とは、指定したビンの最小値よりも小さいデータをまとめて表示するためのカテゴリーを指します！

 **操作しよう**

アンダーフローを「30」に設定しましょう。また、同様に、公園店のヒストグラムを作成し、2店舗のヒストグラムを比較しましょう。

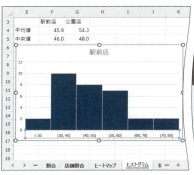
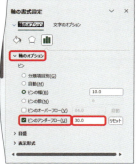

❶《軸の書式設定》作業ウィンドウに《軸のオプション》の詳細が表示されていることを確認します。

❷《ビン》の《ビンのアンダーフロー》をオンにし、「30」と入力します。
※「30.0」と表示されます

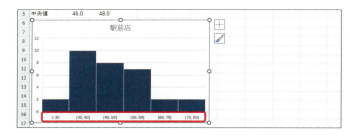

30以下の値が1区間にまとまり、30より大きい値は区間幅10で区切られます。
※《軸の書式設定》作業ウィンドウを閉じておきましょう。

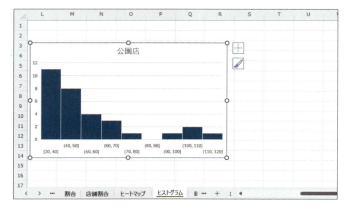

❸ 同様に、公園店のヒストグラムを作成します。

Check!! 結果を確認しよう

駅前店

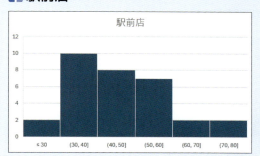

中ほどに山があり、やや左側が大きいです。

公園店

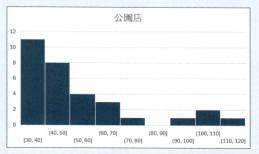

左側に大きな山、右側の90-120の区間に小さな山があります。また、区間も9に分かれており、ばらつきが大きいことがわかります。

公園店のように山が複数ある場合、平均や中央値は山と山の間など中央からずれた位置に存在するため、基本統計量だけでは、集団の傾向を表しているとはいえません。

左側の山の部分を見ると、30個から50個の区間に集中しており、その日数は全体の半数ほどになっています。すなわち、月の半分以上は、同じような個数を売り上げていて、安定した傾向があることがわかります。

駅前店と比較すると、公園店では右側の山の90個以上の日も特徴的といえます。さらなる分析として、売上個数が多い日の共通点などの原因を探る分析を行ってみるのもよいでしょう。

> 駅前店は比較的シンプルな形状だけど、公園店はかなりばらつきが大きいんですね。平均値だけでの判断は危険そう！

4 ヒストグラムの注意点

ヒストグラムを使って視覚化する目的は、平均などの基本統計量だけでは見えないデータの散らばり方を明らかにすることです。

区間の区切り方によって、ヒストグラムのわかりやすさが変わる反面、グラフ全体のイメージも変わってしまうことがあります。何に使うのか、何を伝えたいのかを考えながら、試行錯誤してヒストグラムを作ってみるとよいでしょう。

そのためには、山の数や場所、データの中心、ばらつきを見ていくことがポイントです。山が複数ある場合は、その山を比較したり、山ごとに別々に分析を行ったりすると、さらにヒントが見えてきます。

分析ツールを使ったヒストグラムの作成

ヒストグラムは分析ツールを使って作成することもできます。分析ツールを使うと、度数分布表も合わせて出力できます。事前に、区間表を作成しておく必要があります。

◆《データ》タブ→《分析》グループの《データ分析ツール》→《ヒストグラム》

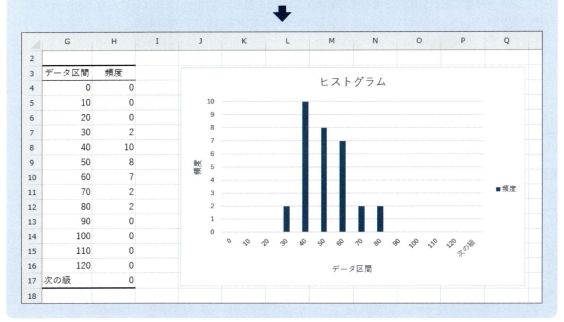

6 時系列データの動きを視覚化する

区間内の傾向がわかる時系列データの作成はどうすればよい？

① 折れ線グラフによる視覚化

下の折れ線グラフは、7月1日から8月31日までの2店舗の売上個数の推移を表したものです。
このように日単位で記録された時系列データを「**日次データ**」といいます。週単位のものを「**週次デー
タ**」、月単位のものを「**月次データ**」、四半期単位のものを「**四半期データ**」、年単位のものを「**年次デー
タ**」といいます。

折れ線グラフの横軸が時間、縦軸が対象となる値（ここでは個数）です。折れ線グラフで確認すべき
ことは、**トレンド（傾向変動）** があるか、繰り返される**パターン（周期性）** があるかです。

② トレンドの視覚化

まずは、トレンドに着目してみましょう。トレンドとは、時系列データの長期的な傾向変動のこと
です。データが上昇しているのか、横ばいの状態にあるのか、あるいは下降しているのかといった
傾向を表します。

上の折れ線グラフを見て、最近の売上個数は上がっているように見えますか？下がっているように
見えますか？グラフは見る側の主観によって解釈が異なります。また、「**最近**」といってもいつのこ
とを指すのかも人によって解釈が異なります。期間内最後の8月31日を「**最近**」と考えた場合、別の
日と比較して、上がっているとも下がっているともいえます。しかし、日々上下する売上個数を
「**1日だけ上がった、下がった**」と判断してもあまり意味がありません。偶然上がったり、下がったり
しているだけかもしれないからです。このような場合、ある一時点ではなく、区間を決めて、区間
ごとの平均など、その区間を代表した値を見ることで、トレンドを把握することができます。

① 移動平均の追加

任意の区間を決めて、区間ごとに算出した平均を**移動平均**といいます。移動平均は分析ツールを使って求めることができます。移動平均の値をグラフに追加すると、日々の値がならされ、トレンドを視覚化できます。

 操作しよう

分析ツールを使って、シート「**時系列**」の個数をもとに、C列に移動平均を求めましょう。
区間は7日間とします。次に、折れ線グラフに移動平均を追加しましょう。

 1週間ごとの平均値をグラフ上に表示するにはどうすればよいのかな？

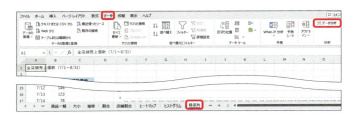

❶ シート「**時系列**」を表示します。

❷ 《データ》タブ→《分析》グループの《データ分析ツール》をクリックします。

※《データ分析ツール》が表示されていない場合は、P.35「1 分析ツールの設定」を参照して表示しておきましょう。

《データ分析》ダイアログボックスが表示されます。

❸ 《移動平均》を選択します。

❹ 《OK》をクリックします。

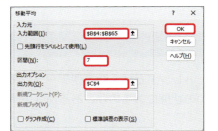

《移動平均》ダイアログボックスが表示されます。

❺ 《入力範囲》にカーソルが表示されていることを確認します。

❻ セル範囲【B4：B65】を選択します。

❼ 《区間》に「7」と入力します。

❽ 《出力先》にカーソルを表示します。

❾ セル【C4】を選択します。

❿ 《OK》をクリックします。

7日間の移動平均が求められます。

7/6以前は、直近の値が7日分そろわないので欠損値になり、「#N/A」が表示されます。

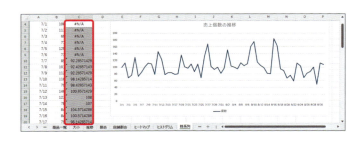

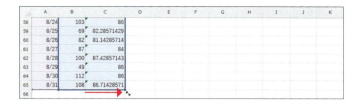

⑪ グラフを選択します。

　グラフのもとになる範囲が枠で囲まれます。

⑫ セル【B65】の右下の■をポイントし、セル【C65】までドラッグします。

グラフに7日間の移動平均が追加されます。

Check!! 結果を確認しよう

グラフに追加した移動平均を見ると、凸凹がなくなり、日々の値がならされています。全体を見ると、7月後半から8月前半にかけて、売上個数はやや上がっている傾向があります。しかし、8月後半になると、売上個数が下がってきていることがわかります。

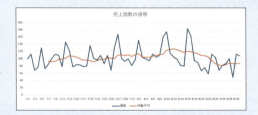

> 移動平均を使うと、短期的な揺らぎを取り除いて、長期的な傾向がより見えやすくなるよ！

---

2 単純移動平均と中心化移動平均

分析ツールを使って求めた移動平均は、その時点を含む直近の区間で計算されます。これを**単純移動平均**といいます。それに対して、**中心化移動平均**という計算方法もあります。次のデータを見るとその違いがわかります。

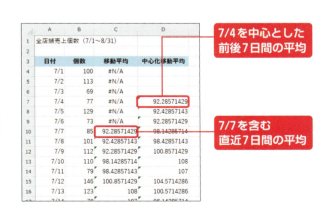

7/4を中心とした前後7日間の平均

7/7を含む直近7日間の平均

81

中心化移動平均は、その時点を中心に置き、その前後を含めて区間の平均をとるという方法です。今回は区間が奇数（7日）なので中心がありますが、区間が偶数の場合（例えば6日）は次のように計算します。

● 7月4日時点の中心化移動平均
（7月1日の値÷2＋7月2日の値＋7月3日の値＋7月4日の値＋7月5日の値＋7月6日の値＋7月7日の値÷2）÷6

両端の値を1/2にして計算

また、区間が短い場合、単純移動平均と中心化移動平均の差はほぼありません。しかし、区間が長くなると、単純移動平均はもとの傾向とずれ、変化の反映が遅れます。一方、中心化移動平均はずれませんが、先のデータがそろわないと計算できない欠点があります。
そのため、リアルタイム分析には単純移動平均、精度を重視する場合は中心化移動平均を使用します。中心化移動平均は、「AVERAGE関数」で求めます。

③ パターンの視覚化

7月1日から8月31日までの折れ線グラフをもう一度見てみましょう。

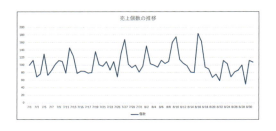

折れ線グラフがギザギザになっている部分が何回も現れていることがわかります。売上個数が上下する周期が繰り返されているようです。この繰り返しパターンに注目してみましょう。繰り返しパターンを視覚化するには、ヒートマップを使って色分けすると効果的です。曜日ごとに売上個数の数値をまとめた右の表を視覚化してみましょう。

期間	月	火	水	木	金	土	日
7/1-7/5		100	113	69	77	129	73
7/6-7/12	85	101	112	110	79	146	123
7/13-7/19	78	84	84	79	80	136	101
7/20-7/26	97	109	87	109	69	131	168
7/27-8/2	102	93	100	82	97	151	103
8/3-8/9	100	95	113	104	110	161	175
8/10-8/16	115	105	98	82	80	184	163
8/17-8/23	95	90	67	76	59	112	103
8/24-8/31	69	82	87	100	49	112	108
曜日平均	92.625	95.44444	95.66667	90.11111	77.77778	140.2222	124.1111

Try!! 操作しよう

曖日ごとの売上個数の傾向が確認できるね！

シート「**週単位**」に「**赤、白のカラースケール**」を適用したヒートマップを作成しましょう。

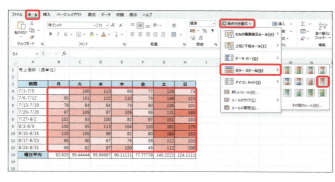

❶ シート「**週単位**」のセル範囲【**B4：H13**】を選択します。

❷ 《ホーム》タブ→《スタイル》グループの《条件付き書式》→《カラースケール》→《赤、白のカラースケール》をクリックします。

ヒートマップが作成されます。

 Check!! 結果を確認しよう

どの週も土曜日、日曜日の売上個数は他の曜日と比較すると濃く表示されています。毎週土曜日、日曜日の売上個数が多くなるという繰り返しパターンがあることがわかります。このような繰り返しパターンが見られるデータでは、「**前日より30個増えた（減った）**」、「**4日ぶりに100個を超えた**」というような変化に一喜一憂する意味はあるでしょうか？
ここで大切なのは、比較するべき対象が、前の日なのか、前の週の同じ曜日の日なのかによって、見え方が変わるということです。

繰り返しパターンが見られるデータでは、比較する対象をよく考えて判断することが重要です！

④ 前期比で繰り返しパターンの影響を取り除く

繰り返しパターンがある場合、2つの方法でその影響を取り除くことができます。1つは先に学習した移動平均、もう1つは**前期比**です。

前期比は、ある時点の値を前の時点の値と比較したもので、何倍増加しているかを表します。「**ある時点の値÷前の時点の値**」で求めます。売上個数は、毎週土曜日、日曜日に増加するという繰り返しパターンがあるため、日単位で比較してもあまり意味がありません。ここでは、前週の同じ曜日と比較して前週比を求めてみましょう。

Try!! 操作しよう

シート「**前週比**」の下側の表に、前の週の同じ曜日との増減を比較する前週比を求めましょう。前週比は、小数第2位まで表示します。また、不要なデータは削除します。次に、ヒートマップを使って視覚化しましょう。「**赤、白のカラースケール**」を適用します。

週単位の傾向が分析できそうだけど、どうすればよい？

❶ シート「**前週比**」のセル【B18】に「**=B5/B4**」と入力します。

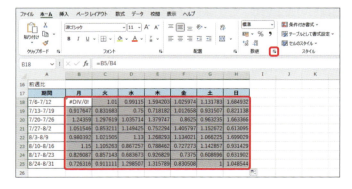

前週比が求められます。

※セル【B4】に数値が入力されていないため、「#DIV/0!」が表示されます。

❷ セル【B18】を選択し、セル右下の■（フィルハンドル）をセル【H18】までドラッグします。

❸ セル範囲【B18：H18】の右下の■（フィルハンドル）をダブルクリックします。

数式がコピーされます。

※数値が入力されていないセルが含まれた場合、「0」が表示されます。

❹《ホーム》タブ→《数値》グループの《表示形式》をクリックします。

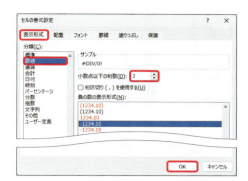

《セルの書式設定》ダイアログボックス
が表示されます。

❺《表示形式》タブを選択します。

❻《分類》の一覧から《数値》を選択しま
す。

❼《小数点以下の桁数》を「2」に設定し
ます。

❽《OK》をクリックします。

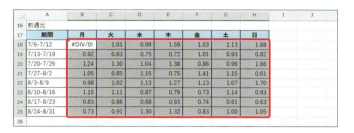

小数第3位で四捨五入され、小数第2位
までの表示になります。

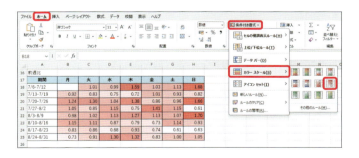

❾ セル【B18】を選択します。
※空白セルが複数ある場合はまとめて選択しま
しょう。

❿ Delete を押します。

不要なデータが削除されます。

❶❶ セル範囲【B18：H25】を選択します。

❶❷《ホーム》タブ→《スタイル》グループ
の《条件付き書式》→《カラースケー
ル》→《赤、白のカラースケール》を
クリックします。

ヒートマップが作成されます。

前週比を求めると、毎週、土曜日と日曜日の売上個数が多いという繰り返しパターンの影響を取り除いて、週単位の傾向を見ることができます。7/20～7/26の週は前週比を見ると、曜日に関係なく売上個数が増加していることがわかります。

また、8/17以降はセルの色が薄い日が多く、前週の売上個数を超える日は、ほとんどありません。このあとの分析を行う際に、原因を探ってみてもよいでしょう。

16	前週比							
	A	B	C	D	E	F	G	H
17	期間	月	火	水	木	金	土	日
18	7/6-7/12		1.01	0.99	1.59	1.03	1.13	1.68
19	7/13-7/19	0.92	0.83	0.75	0.72	1.01	0.93	0.82
20	7/20-7/26	1.24	1.30	1.04	1.38	0.86	0.96	1.66
21	7/27-8/2	1.05	0.85	1.15	0.75	1.41	1.15	0.61
22	8/3-8/9	0.98	1.02	1.13	1.27	1.13	1.07	1.70
23	8/10-8/16	1.15	1.11	0.87	0.79	0.73	1.14	0.93
24	8/17-8/23	0.83	0.86	0.68	0.93	0.74	0.61	0.63
25	8/24-8/31	0.73	0.91	1.30	1.32	0.83	1.00	1.05
26								
27								
28								
29								

このように実際の時系列データでは、繰り返しパターンがあるデータも少なくありません。この例では、毎週土曜日と日曜日の売上個数は他の曜日と比較して多いというパターンがありました。もっと長い期間のデータを使えば、特定の月の売上が多い、特定の季節の売上が多いなどのパターンがあるかもしれません。

また、レジで売上を記録したPOSデータなどをもとに、時間帯ごとの視覚化を行えば、朝の時間帯、昼の時間帯などパターンが見えてくるでしょう。

視覚化を行うことで、繰り返しパターンの把握や、その原因の分析がしやすくなります。また、パターンの影響を取り除いて全体のトレンドを把握することができるようになります。

※ブックに任意の名前を付けて保存し、閉じておきましょう。

データの繰り返しパターンを取り除くことで、より正確なトレンドを把握できます！

POINT

指数化

指数化とは、基準点を決め、その値からの変化率を求めて比較する方法です。指数は、「**各時点の値÷基準点の値×100**」で求めます。

指数化では単位を消して割合にするので、単位が異なる時系列データや、値が大きく異なる時系列データも比較できるというメリットがあります。

C4		$\times \checkmark f_x$	=B4/$B$4*100				
	A	B	C	D	E	F	G	H
1	全店舗売上金額（7月）							
2								
3	日付	売上金額	売上金額_指数（7/1基準）					
4	7/1	34,200	100					
5	7/2	39,550	116					
6	7/3	23,350	68					
7	7/4	25,600	75					
8	7/5	45,400	133					
9	7/6	26,200	77					
10	7/7	29,700	87					
11	7/8	35,250	103					
12	7/9	38,700	113					
13	7/10	36,750	107					

解答 » P.5

各商品の売上傾向を把握するため、ピボットテーブルとピボットグラフを使って、売上データを要約し、視覚化します。売上の特徴など気になる点を探してみましょう。

Try!! 操作しよう

➡ ブック「第3章練習問題-1」を開いておきましょう。

各商品の売上個数の把握

❶ シート「**売上**」のデータをもとに、新しいシートにピボットテーブルを作成しましょう。行に分類名を配置し、売上個数の合計を表示します。

❷ 作成したピボットテーブルの行に商品名を追加しましょう。分類名の下側に追加します。

❸ 「**バススポンジA**」、「**バススポンジB**」の詳細データを新しいシートに表示し、売上個数の降順に並べ替えましょう。シート名は「**バススポンジA詳細**」、「**バススポンジB詳細**」に変更します。

年代別売上傾向の把握

❹ ピボットテーブルの行の分類名を削除し、列に商品名を移動しましょう。

❺ ピボットテーブルの行に年齢を追加し、10歳ごとにグループ化しましょう。
Hint! 《**ピボットテーブル分析**》タブ→《**グループ**》グループの《**フィールドのグループ化**》を使います。

❻ 作成したピボットテーブルをもとに、100%積み上げ横棒グラフを作成しましょう。凡例に商品名を表示し、位置は下にします。

❼ 作成したピボットグラフの商品名を絞り込んで、「**スポンジA**」と「**スポンジB**」を表示しましょう。
Hint! ピボットグラフの《**商品名**》を使います。

ピボットテーブルや詳細データシートを作成して、それをもとにグラフを作るんだったっけ。えっと……。

 **Check!!** 結果を確認しよう

結果から、どのようなことが読み取れるか考えてみましょう。

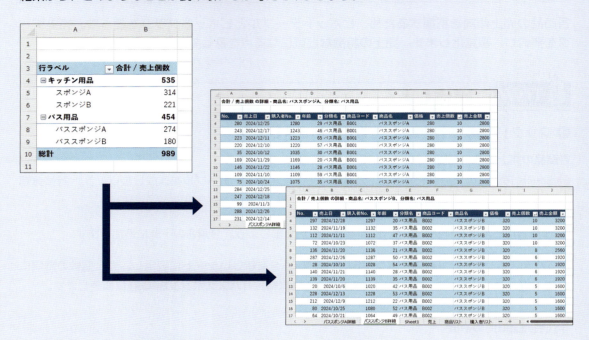

行ラベル	合計 / 売上個数
⊟ キッチン用品	535
スポンジA	314
スポンジB	221
⊟ バス用品	454
バススポンジA	274
バススポンジB	180
総計	989

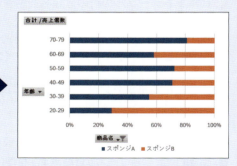

合計 / 売上個数	列ラベル				
行ラベル	スポンジA	スポンジB	バススポンジA	バススポンジB	総計
20-29	25	61	73	46	205
30-39	98	80	70	42	290
40-49	86	35	66	45	232
50-59	71	27	41	42	181
60-69	21	15	18	5	59
70-79	13	3	6		22
総計	314	221	274	180	989

※ブックに任意の名前を付けて保存し、閉じておきましょう。

 データをグラフにすることで視覚化されて、分析もしやすくなります！

価格が同じなのに、売上個数に差があるキッチン用品のスポンジの2商品を分析します。ピボットテーブルやヒートマップ、ヒストグラムで売上データを視覚化し、気になる点を探してみましょう。

Try!! 操作しよう

➔ ブック「第3章練習問題-2」を開いておきましょう。

売上個数の割合の比較（月）

❶ シート「**売上**」のデータをもとに、新しいシートにピボットテーブルを作成しましょう。行に売上日、列に商品名を配置し、売上個数の合計を表示します。売上日は月ごとに表示します。

❷ 作成したピボットテーブルの商品名を絞り込んで、「**スポンジA**」と「**スポンジB**」を表示しましょう。

Hint! 列ラベルエリアの▼を使います。

❸ 各商品の売上個数の総計を100%として、月の売上個数の割合を確認しましょう。

❹ ピボットテーブルの値エリアに、「**赤、白のカラースケール**」を適用しましょう。

ヒストグラムの比較（年齢）

❺ ❶で作成したピボットテーブルのスポンジAの総計とスポンジBの総計を、詳細データとして新しいシートに表示しましょう。シート名は「**スポンジA詳細**」、「**スポンジB詳細**」に変更します。

❻ シート「**スポンジA詳細**」をもとに、年齢のばらつきを表すヒストグラムを作成し、グラフタイトルを「**スポンジA年齢分布**」に変更しましょう。区間幅は「**10**」に設定します。同様に、シート「**スポンジB詳細**」をもとに、年齢のばらつきを表すヒストグラムを作成し、グラフタイトルを「**スポンジB年齢分布**」に変更しましょう。

移動平均の比較

❼ シート「**移動平均**」のスポンジAの売上個数をもとに、C列に移動平均を求めましょう。区間は10日間とします。同様に、スポンジBの売上個数をもとに、E列に移動平均を求めましょう。

❽ スポンジAの移動平均、スポンジBの移動平均をもとに、売上個数の推移を表す折れ線グラフを作成しましょう。

❾ グラフタイトルに「**売上個数移動平均**」、縦軸の軸ラベルに「**個**」と表示しましょう。

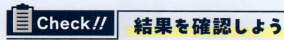

結果から、どのようなことが読み取れるか考えてみましょう。

合計 / 売上個数	列ラベル ▼		
行ラベル ▼	スポンジA	スポンジB	総計
⊞ 10月	30.89%	35.29%	32.71%
⊞ 11月	23.25%	28.51%	25.42%
⊞ 12月	45.86%	36.20%	41.87%
総計	100.00%	100.00%	100.00%

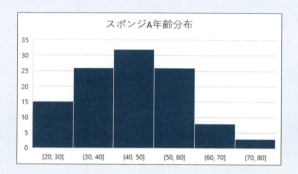

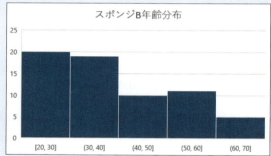

※ブックに任意の名前を付けて保存し、閉じておきましょう。

第4章

仮説を立てて検証しよう

STEP 1 　仮説を立てる

STEP 2 　2店舗の売上個数の平均を比較する

STEP 3 　人気のある商品とない商品を確認する

STEP 4 　新商品案を検討する

1 仮説を立てる

① 仮説とは何か

ここまで、記述統計を使ってデータを収集・視覚化し、傾向を把握しました。結果、**「店舗ごとに売上個数がばらつく」**などの気づきが得られました。売上アップを目指すには、こうした気づきの原因を探って対策する必要があります。気づきの原因として想定する仮の結論を、**仮説**と呼びます。例えば、**「店舗ごとの売上のばらつきは来店者傾向の違いかもしれない」**などのような仮説を立てます。

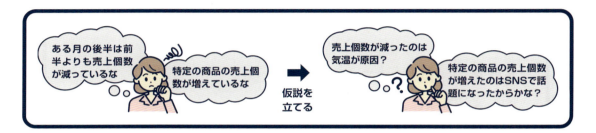

仮説はあくまで仮であり、検証して正否を判断し、結論を導く必要があります。この立案・検証・結論は、繰り返し行います。

② 仮説の立て方

仮説はどのように立てればよいのか、次の例について考えてみましょう。

男性、女性を対象に、好きなコンビニエンスストアチェーンを、チェーンA、チェーンB、チェーンC、その他の4つから1つ答えてもらいました。次の❶～❸のうち、仮説として適切なものはどれでしょうか？

❶ チェーンAが人気だ

チェーンAが好き

❷男性には、チェーンAが人気だ

チェーンAが好き

❸女性に比べて、男性には、チェーンAが人気だ

チェーンAが好き

チェーンAはあまり好きじゃない

❶〜❸のいずれもデータを集計しなければ結論は出せないため、現時点では仮の予想に過ぎません。ただし、❶は通常「**仮説**」とは呼びません。それは原因と結果の関係を示していない、単なる予想だからです。

一方、❷と❸はどうでしょうか。これらは、性別（原因）が好きなコンビニチェーン（結果）に影響するという**関係**を仮定しており、データで検証しないと真偽がわかりません。このような場合は、原因と結果を含むため「**仮説**」と呼ばれます。

それでは、❷と❸の仮説の違いはどこにあるでしょうか。これを考えるには、すでに学習したクロス集計表を対応付けると違いがわかり、どちらがより適切な仮説かが理解できます。
❷の仮説を検証するためのクロス集計表とグラフを見てみましょう。

	チェーンA	チェーンB	チェーンC	その他	統計
男性	32.0%	23.3%	26.7%	18.0%	100.0%

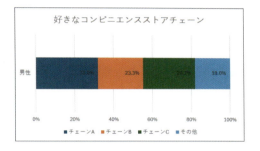

男性にはチェーンAが
人気ってこと？

クロス集計表とグラフから、男性にチェーンAが人気であることが確認できます。ただし、「**男性**」と明示している点から、「**女性との比較**」を想定していると考えられます。そこで、仮説❸「**女性に比べて、男性にはチェーンAが人気だ**」を検証するため、対応するデータを確認してみましょう。

	チェーンA	チェーンB	チェーンC	その他	統計
男性	32.0%	23.3%	26.7%	18.0%	100.0%
女性	34.7%	33.3%	17.3%	14.7%	100.0%

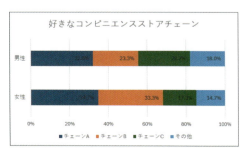

クロス集計表とグラフから、男性ではチェーンAが人気に見えますが、女性と比較すると、総計に対するチェーンAの割合は男性32.0%、女性34.7%と、女性の方が人気です。そのため、**「女性に比べ、男性にチェーンAが人気だ」**とは言えません。

データ分析の仮説は**比較**が本質で、比較対象（この場合は女性）があってこそ適切な仮説になります。つまり、❷より❸の仮説の方が妥当です。分析では、目的に応じた比較対象を設定し、仮説をストーリー化することが重要です。ただし、立てた仮説が相手にとって当たり前なら、データ分析を駆使する価値が薄れます。データを前にすると、Excelを使った分析作業に集中しすぎて当たり前の仮説を立てがちとなるので気をつけましょう。

目的を意識して仮説を考えてみよう！

③ 仮説検定

クロス集計表や100%積み上げ棒グラフを作成すると、数値の差が明確になりますが、それはデータを扱った結果にすぎません。例えば、A店の売上個数がB店より30個多くても、それがその日だけの偶然かもしれません。差に意味があるかどうかを判断するには検証が必要です。そのため、**「A店の売上個数はB店より多い」**という仮説を立て、統計的に差を分析します。

このように、差が偶然か否かを客観的に判断する手法を**仮説検定**といい、**推測統計**の一種です。

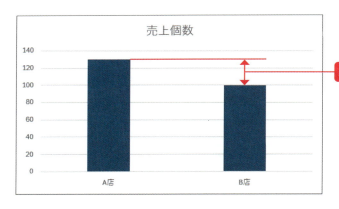

統計的に差があるといえるかを検証

ビジネスでは、マーケティング戦略として実施した施策の前後で売上高に差があったかどうか、すなわち施策の効果があったかどうかを検証したい、満足度アンケートの結果から男性と女性の回答の平均に差があったかどうかを検証したいといった場合などに仮説検定が使われます。

仮説検定には、いくつかの種類があります。この章では、ばらつきの差を比較する**F検定**と、平均の差を比較する**t検定**を使って仮説を検証してみましょう。

2 2店舗の売上個数の平均を比較する

2店舗の売上の平均を比較するF検定、t検定とは？

① F 検定を使ったばらつきの比較

まずは、**「F検定」**を使って、駅前店と公園店のベジタブルの売上個数について、ばらつきを比較しましょう。ばらつきは、分散の値で確認できます。

1 F検定

誤差や偶然性を考慮して、2グループの分散の差に意味があるかどうかを検証するには、分析ツールの**「F検定：2標本を使った分散の検定」**を使います。

F検定を実施すると、次のような結果が出力されます。次の2か所に着目して確認するとよいでしょう。

F-検定: 2 標本を使った分散の検定		
	駅前店	公園店
平均	15.41935	12.41935
分散	20.31828	25.71828
観測数	31	31
自由度	30	30
観測された分散比	0.790033	
P(F<=f) 片側	0.261297	
F 境界値 片側	0.543221	

● 分散
各グループの分散が算出されます。各グループのばらつき具合を表します。標準偏差を二乗した値になっています。

● P（F<=f）片側
片側となっている場合は、2倍した値をp値として評価します。p値は0から1の値をとり、値が0に近ければ2つのグループの分散の差に意味があるといえると判断できます。

？ ばらつき（分散）が大きいってどういうこと？

値が平均値から大きく離れていることを示すということ。逆にばらつき（分散）が小さいと、値が平均値の周りに集中していることを意味するよ！

第 **4** 章 仮説を立てて検証しよう

② F検定の実施

駅前店と公園店のベジタブルの売上個数のデータをもとに、F検定を使って、分散の差に意味があるかを検証します。

Try!! 操作しよう

➡ ブック「第4章」を開いておきましょう。

シート「ベジタブル」の売上個数のデータをもとに、F検定を行いましょう。結果の出力先はセル【E3】とします。

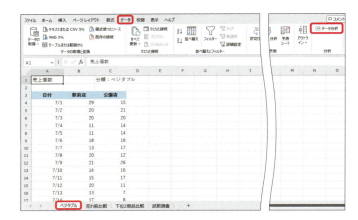

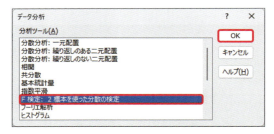

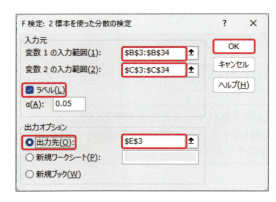

❶ シート「ベジタブル」を表示します。

❷ 《データ》タブ→《分析》グループの《データ分析ツール》をクリックします。

《データ分析》ダイアログボックスが表示されます。

❸ 《F検定：2標本を使った分散の検定》を選択します。

❹ 《OK》をクリックします。

《F検定：2標本を使った分散の検定》ダイアログボックスが表示されます。

❺ 《変数1の入力範囲》にカーソルが表示されていることを確認します。

❻ セル範囲【B3：B34】を選択します。

❼ 《変数2の入力範囲》にカーソルを表示します。

❽ セル範囲【C3：C34】を選択します。

❾ 《ラベル》をオンにします。

❿ 《出力先》をオンにし、右側のボックスにカーソルを表示します。

⓫ セル【E3】を選択します。

⓬ 《OK》をクリックします。

96

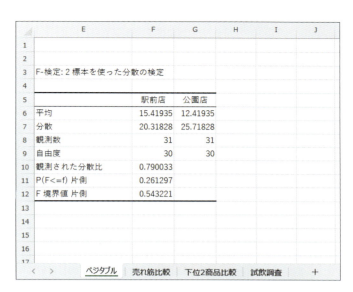

F検定の結果が出力されます。
※列幅を調整しておきましょう。

Check!! 結果を確認しよう

F-検定：2 標本を使った分散の検定		
	駅前店	公園店
平均	15.41935	12.41935
分散	20.31828	25.71828
観測数	31	31
自由度	30	30
観測された分散比	0.790033	
P（F<=f）片側	0.261297	
F 境界値 片側	0.543221	

分散の値は、駅前店が20.3…、公園店が25.7…です。

この分散の差に意味があるかどうかを判断するには、p値を確認します。F検定のp値は、「P（F<=f）片側」の部分を使います。「片側」となっている場合は、2倍した値を評価して差が偶然であるかどうかを判断します。「P（F<=f）片側」は0.26…なので、2倍すると0.52…となり、0.05より大きいため、「5%有意水準で、2店舗の売上個数の分散の差に意味があるといえない」という結論になります。

まとめると、今回のデータでは、2店舗の分散の差は偶然の範囲内に収まっていると考えられるね！

97

分散から個数を計算（SQRT関数）

F検定で算出された分散は計算途中で二乗されています。分散の平方根を計算し、標準偏差を求めると、値を個数で判断できるようになるので、結果がイメージしやすくなります。平方根は**SQRT関数**を使って求めることができます。

＝ SQRT（数値）

※引数には、対象の数値やセルを指定します。

売上個数のばらつき（標準偏差）は、駅前店が約4.5個、公園店が約5.1個となります。日々の売上個数は、駅前店では15.4±4.5個、公園店では12.4±5.1個の範囲にあることが多いとわかります。

② t検定を使った平均の比較

次に、売上アップのために、現状の問題点や売れ筋商品を確認し、人気のない商品の代わりにお客様のニーズに合った新商品を投入したいと考え、売上データを分析します。

■1 データをもとに仮説を立てる

まずは、店舗間で分類ごとの売れ行きに違いがあるのかを確認してみましょう。
駅前店と公園店の分類ごとの売上個数を比較するために視覚化したグラフは、次のとおりです。

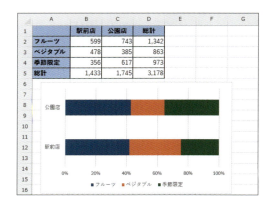

■■ 駅前店

1位	フルーツ
2位	ベジタブル
3位	季節限定

■■ 公園店

1位	フルーツ
2位	季節限定
3位	ベジタブル

どちらの店舗も売上個数の1位はフルーツです。

2位は、駅前店がベジタブル、公園店が季節限定、3位は、駅前店が季節限定、公園店がベジタブルです。この違いが各店舗の売上の特徴であるといえます。

このジューススタンドでは、季節限定の商品は、季節ごとに入れ替えています。旬の食材を使ったり、商品が入れ替わったりする目新しさがあります。話題性が高く行列ができるほど人気があったり、思ったほど人気が出なかったり、売れ行きにある程度差が出ることが想像できます。しかし、ベジタブルは定番3商品を扱っており、差が出ることはあまりないと想像できるため、ベジタブルについてデータを確認してみましょう。

> ベジタブルのデータを深堀りすると、売れ行きの差について何かがわかるかも？

駅前店と公園店のベジタブルの売上個数の平均は、次のとおりです。

	A	B	C	D	E	F	G	H
1	売上個数		分類：ベジタブル					
2								
3	日付	駅前店	公園店			駅前店	公園店	
4	7/1	29	15		平均	15.41935	12.41935	
5	7/2	20	21					
6	7/3	20	20					
7	7/4	11	14					
8	7/5	11	14					
9	7/6	18	16					
10	7/7	13	17					
11	7/8	20	12					

駅前店が15.4…、公園店が12.4…で、数字を見ると差があるように感じます。しかし、この差が客観的に意味のあるものかどうかはわかりません。7月の1か月間の数値をもとに算出したものなので、異なる月や異なる年をもとにすると結果が異なる可能性があります。そこで、誤差や偶然性なども考慮したうえで客観的に差があるかどうかを判断して、実際のビジネスにつなげられるように検証します。

ここでは、**「ベジタブルの売上個数は、公園店より駅前店が多い」**と仮説を立てて、検証してみましょう。

> 今回の仮説をもとに、誤差や偶然性を具体的にどう検証すればよいのか、次へと進んでみましょう！

2 t検定

誤差や偶然性を考慮して、2グループの平均の差に意味があるかどうかを検証するには、分析ツールの**「t検定：等分散を仮定した2標本による検定」**を使います。

t検定を実施すると、次のような結果が出力されます。次の2か所に着目して確認するとよいでしょう。

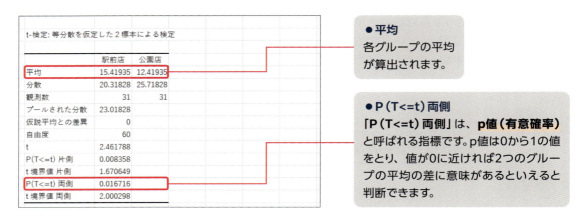

t-検定: 等分散を仮定した2標本による検定

	駅前店	公園店
平均	15.41935	12.41935
分散	20.31828	25.71828
観測数	31	31
プールされた分散	23.01828	
仮説平均との差異	0	
自由度	60	
t	2.461788	
P(T<=t) 片側	0.008358	
t 境界値 片側	1.670649	
P(T<=t) 両側	0.016716	
t 境界値 両側	2.000298	

●平均
各グループの平均が算出されます。

●P(T<=t)両側
「P(T<=t)両側」は、**p値(有意確率)**と呼ばれる指標です。p値は0から1の値をとり、値が0に近ければ2つのグループの平均の差に意味があるといえると判断できます。

3 t検定の実施

駅前店と公園店のベジタブルの売上個数のデータをもとに、t検定を使って、仮説**「ベジタブルの売上個数は、公園店より駅前店が多い」**が成り立つかどうかを検証します。仮説が成り立つかどうかは、駅前店と公園店の平均の差に意味があるかをp値で判断します。

操作しよう

シート**「ベジタブル」**の売上個数のデータをもとに、t検定を行いましょう。結果の出力先はセル**【I3】**とします。

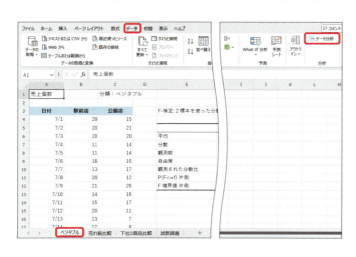

❶ シート「ベジタブル」が表示されていることを確認します。

❷《データ》タブ→《分析》グループの《データ分析ツール》をクリックします。

※《データ分析ツール》が表示されていない場合は、P.35「1 分析ツールの設定」を参照して表示しておきましょう。

100

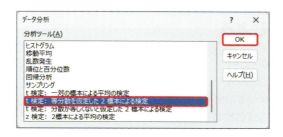

《データ分析》ダイアログボックスが表示されます。

❸《t検定：等分散を仮定した2標本による検定》を選択します。

❹《OK》をクリックします。

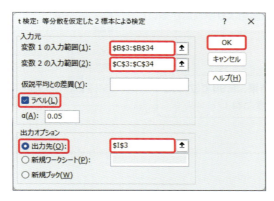

《t検定：等分散を仮定した2標本による検定》ダイアログボックスが表示されます。

❺《変数1の入力範囲》にカーソルが表示されていることを確認します。

❻ セル範囲【B3：B34】を選択します。

❼《変数2の入力範囲》にカーソルを表示します。

❽ セル範囲【C3：C34】を選択します。

❾《ラベル》をオンにします。

❿《出力先》をオンにし、右側のボックスにカーソルを表示します。

⓫ セル【I3】を選択します。

⓬《OK》をクリックします。

t検定の結果が出力されます。
※列幅を調整しておきましょう。

	I	J	K	L	M	N
1						
2						
3	t-検定: 等分散を仮定した2標本による検定					
4						
5		駅前店	公園店			
6	平均	15.41935	12.41935			
7	分散	20.31828	25.71828			
8	観測数	31	31			
9	プールされた分散	23.01828				
10	仮説平均との差異	0				
11	自由度	60				
12	t	2.461788				
13	P(T<=t) 片側	0.008358				
14	t 境界値 片側	1.670649				
15	P(T<=t) 両側	0.016716				
16	t 境界値 両側	2.000298				
17						

< > ベジタブル 売れ筋比較 下位2商品比較 試飲調査 +

平均を見ると、駅前店が15.4…、公園店が12.4…で、**「公園店より駅前店の方が、売上個数の平均が高い」**ことがわかります。次に、p値（P（T<=t）両側）を見ると、0.01…となっています。駅前店と公園店のベジタブルの売上個数の平均の差が偶然である確率は0に近いので、差に意味があると判断できます。

つまり、仮説**「ベジタブルの売上個数は、公園店より駅前店が多い」**が成り立つといえそうです。

データを分析した結果、P.99で立てた仮説の立証が確認できたね！

t-検定：等分散を仮定した2標本による検定		
	駅前店	公園店
平均	15.41935	12.41935
分散	20.31828	25.71828
観測数	31	31
プールされた分散	23.01828	
仮説平均との差異	0	
自由度	60	
t	2.461788	
P(T<=t) 片側	0.008358	
t 境界値 片側	1.670649	
P(T<=t) 両側	0.016716	
t 境界値 両側	2.000298	

POINT

5%有意水準

「5%有意水準」は、p値が0.05未満であれば偶然とは考えにくく、仮説が成り立つと判断する一般的な基準です。本例では、p値が0.01で0.05より小さいため、**「ベジタブルの売上個数は、公園店より駅前店が多い」**という仮説が5%有意水準で成り立つと結論づけられます。

ただし、有意水準は5%に限らず、10%や1%を採用する場合もあります。5%有意水準は、**「仮説が成り立たない可能性が5%ある」**という意味であり、p値は偶然の度合いを示します。有意水準の選択は分析者や利用者の判断によります。特に医療や品質管理のように安全性が重要な分野では、偶然の可能性をさらに低くするため、より厳しい有意水準が選ばれることもあります。

STEP UP

分散とt検定

2つの対象の平均を比較するときに使用するt検定には、**「等分散を仮定した2標本による検定」**と**「分散が等しくないと仮定した2標本による検定」**が用意されています。**「等分散を仮定した2標本による検定」**は2グループの分散が等しいことを前提とした検証です。分散はばらつきを表す指標ですが、この分散が大きく異なっている場合、**「等分散を仮定した2標本による検定」**はあまり意味のないものになります。ばらつきが大きければ、平均は分布の中央を指す代表値であるとはいえなくなるからです。

F検定で分散の差に意味があるという検証結果が出た場合は、**「分散が等しくないと仮定した2標本による検定」**を利用するとよいでしょう。

3 人気のある商品とない商品を確認する

売れ筋商品と売れていない商品を確認するには、どのような分析方法がよい？

① パレート図を使った売れ筋商品の把握

人気のない商品の代わりにお客様のニーズに合った新商品を投入するため、人気のある商品とない商品を確認したいと考えています。

人気のある商品とない商品を見極めるためには、**パレート図**を使った**ABC分析**という手法を使います。パレート図は、値を表す棒グラフを大きい順に並べ、累積比率を表す折れ線グラフと組み合わせたものです。Excelを使うと、棒グラフのもとになるデータを並べ替えたり、折れ線グラフのもとになる累積比率を計算したりしなくても、簡単にパレート図を作成できます。

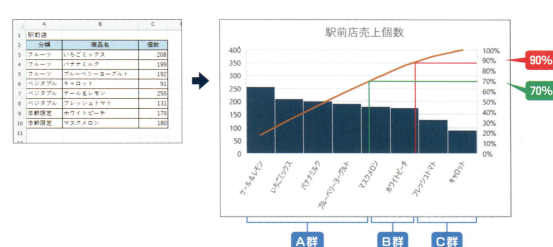

ABC分析では、累積比率が上位70％を占める商品をA群、70～90％を占める商品をB群、残りをC群とします。A群は最重要商品であり、いわゆる売れ筋商品といえるものです。これに対し、C群は重要度の低い商品です。あまり売れていない商品だと判断できるため、何らかのテコ入れが必要だといえます。

ABC分析を使えば、どの商品に力を入れるべきかが明確になりますね。分析結果をもとに次の戦略を立てることができそう！

第4章 仮説を立てて検証しよう

パレート図を作成し、人気のある商品とない商品を確認しましょう。

どのようにパレート図を作るのだろう？

Try!! 操作しよう

シート「売れ筋比較」をもとに、駅前店と公園店の商品の売上個数を比較するパレート図を作成しましょう。

❶ シート「売れ筋比較」のセル範囲【B2:C10】を選択します。

❷ 《挿入》タブ→《グラフ》グループの《統計グラフの挿入》→《ヒストグラム》の《パレート図》をクリックします。

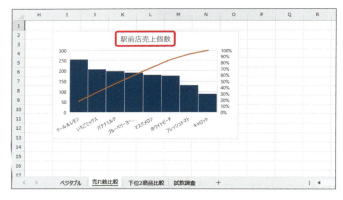

グラフが作成されます。
※グラフの位置とサイズを調整しておきましょう。

❸ グラフタイトルを「駅前店売上個数」に修正します。

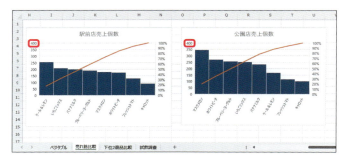

❹ 同様に、公園店のパレート図を作成します。
※2つのグラフの数値軸の最大値が異なる場合は、調整しておきましょう。ここでは「400」に設定しています。

🔶 駅前店

駅前店では、ケール＆レモンがA群のトップであり、売れ筋商品といえます。フルーツや季節限定の商品よりも売上の多くを占めていることがわかります。

フレッシュトマトとキャロットは、C群に含まれるので、あまり売れていない商品であるといえます。

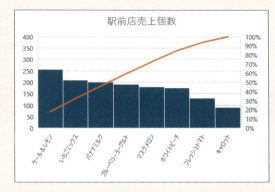

🔶 公園店

公園店では、マスクメロンやホワイトピーチといった季節限定の商品がA群を占めており、売れ筋商品だといえます。

駅前店でトップのケール＆レモンは下から3番目です。また、フレッシュトマトとキャロットは、駅前店同様、C群に含まれており、ベジタブルの3商品は売れていないことがわかります。

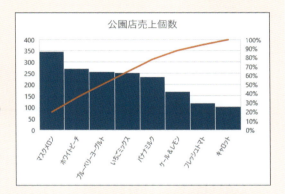

売上をアップするという目的を考えると、ケール＆レモンは駅前店の売れ筋商品なので、公園店でも、もっと売れる余地があるといえそうです。

また、2店舗とも、フレッシュトマトとキャロットはC群に含まれるため、異なる商品と入れ替える、現在の商品を変えずに売るための対策を講じるなど、テコ入れの必要がありそうです。

> どの商品に注力すべきか明確になってきましたね。データを活用しながら、適した戦略を立てていきましょう！

第4章 仮説を立てて検証しよう

② **t 検定を使った入れ替え商品の検討**

人気のない商品は販売をやめ、新商品との入れ替えを検討します。ABC分析でC群のフレッシュトマトとキャロットが候補です。売上個数が少ない方を対象とし、パレート図で確認した結果、キャロットが最下位でした。これにより「**キャロットの売上個数はフレッシュトマトより少ない**」という仮説を立て、t検定でこの差が偶然ではなく意味のある差かどうかを検証しましょう。

 操作しよう

シート「**下位2商品比較**」のデータをもとに、t検定を行いましょう。結果の出力先はセル【E3】とします。

 P.100で行った仮説の検証と同じやり方かな？

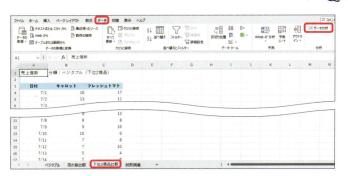

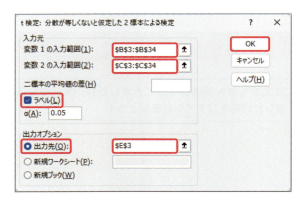

❶ シート「**下位2商品比較**」を表示します。

❷ 《**データ**》タブ→《**分析**》グループの《**データ分析ツール**》をクリックします。

《**データ分析**》ダイアログボックスが表示されます。

❸ 《**t検定：分散が等しくないと仮定した2標本による検定**》を選択します。

❹ 《**OK**》をクリックします。

《**t検定：分散が等しくないと仮定した2標本による検定**》ダイアログボックスが表示されます。

❺ 《**変数1の入力範囲**》にカーソルを表示します。

❻ セル範囲【B3：B34】を選択します。

❼ 《**変数2の入力範囲**》にカーソルを表示します。

❽ セル範囲【C3：C34】を選択します。

❾ 《**ラベル**》をオンにします。

❿ 《**出力先**》をオンにし、右側のボックスにカーソルを表示します。

⓫ セル【E3】を選択します。

⓬ 《**OK**》をクリックします。

t検定の結果が出力されます。
※列幅を調整しておきましょう。

📋 Check!! 結果を確認しよう

t-検定: 分散が等しくないと仮定した2標本による検定

	キャロット	フレッシュトマト
平均	6.161290323	8
分散	6.806451613	14.4
観測数	31	31
仮説平均との差異	0	
自由度	53	
t	-2.223105155	
P(T<=t) 片側	0.015247861	
t 境界値 片側	1.674116237	
P(T<=t) 両側	0.030495723	
t 境界値 両側	2.005745995	

平均を見ると、キャロットが6.16…、フレッシュトマトが8で、キャロットの方が売上個数の平均が低いことがわかります。次に、p値（P（T<=t）両側）を見ると、0.03…となっており、キャロットとフレッシュトマトの売上個数の平均の差が偶然である確率は0に近いので、差に意味があると判断できます。
つまり、仮説「**キャロットの売上個数は、フレッシュトマトより少ない**」が成り立つといえそうです。
したがって、人気のない商品はキャロットであり、これを入れ替え対象の商品とすることが適切であるといえます。
今回は学習用に架空の1か月間のデータで検証しています。t検定は、誤差や偶然性なども含めて計算していますが、データの件数は多い方が適切な結論を導くことができます。

実務で検証する際は、長い期間のデータを用意するとよいでしょう！

4 新商品案を検討する

新しく企画した商品が売れるかどうか、データを使ってどのように判断する？

① 実験調査とテストマーケティング

売上データを分析した次の結果から、キャロットを別の商品に入れ替えるため、新商品の候補を検討します。

> ベジタブルの売上が特徴的であり、店舗間で売上に有意差がある

> ベジタブルの3商品のうち、ケール＆レモンがよく売れている店舗がある

> フレッシュトマトと比較してキャロットの売上が少ない

ベジタブルの中で人気の「**ケール＆レモン**」の特徴を分析した結果、単一素材ではなく野菜とフルーツの組み合わせであると気づきました。この着想をもとに新商品案「**キャロット＆マンゴー**」を考えました。

新商品案は、想定ユーザーに試してもらい評価を集める**実験調査**や**テストマーケティング**で判断します。この段階ではコストを抑えるため、少数のデータで効率的にアイデアを評価する必要があります。不採用の可

事例

ケール（野菜）
＋
レモン（フルーツ）
人気商品

キャロット（野菜）
＋
マンゴー（フルーツ）
新商品案

能性もあるため大量生産は避け、仮説検定などを用いて一部のデータから差を評価します。新商品案の仮説検定には、まずデータ収集が必要です。この際、「**対象者**」、「**人数**」、「**収集方法**」といった調査設計が重要です。適切に設計されていないデータでは、分析しても有用な判断材料にはなりません。

② アイデアの評価

ここでは、データ分析を通じて「**キャロット＆マンゴー**」（新商品案）と「**キャロット**」（既存商品）の2商品を評価します。新商品案を「**P**」、既存商品を「**Q**」とラベル付けして試飲調査を実施します。これにより、どちらが新商品かを回答者に隠し、バイアス（偏り）を防ぎます。新商品と知ると評価が高まる可能性があるため、この配慮は重要です。調査方法には、回答者が1つの商品（PまたはQ）だけを評価する方法と、両方の商品（PとQ）を評価する方法があります。

1人で両方の商品を評価する場合、同じ視点で比較できる利点があります。しかし、香りが強い商品（例：コーヒー）では、最初に試したものが2つ目の評価に影響を与える（バイアスがかかる）可能性があります。この場合、1人が1商品だけを評価する方法が適切です。

それでは、実際のデータを見てみましょう。

次の例は、商品PとQを買いたいと思うかについて100点満点で評価した結果です。

■ Case1：1人が1つの商品を評価する場合

分析用のデータは、行に回答者、列に変数となるように入力します。1人が1つの商品を評価する場合、データは次のように入力します。

P、Qそれぞれを20人ずつが評価した場合、40件のデータが入力されます。このケースでは選択肢が2つですが、選択肢が3つ以上でもR、S、…と増えるだけで変数の数（列数）は増えません。

■ Case2：1人が両方の商品を評価する場合

1人がP、Q両方の商品を評価する場合、評価の値は2つずつになります。データは次のように入力します。

20人が、PとQ両方の商品を評価した場合、20件のデータが入力されます。

Case2のように、1行に対応する列が複数あるデータを**対応ありのデータ**といいます。この場合、ある回答者のPとQの評価は**対（つい）**になります。それに対して、Case1は、ある回答者が1つの商品を評価しているので、対になる評価がありません。このことから**対応なしのデータ**と呼ばれます。

> 対応ありのデータと対応なしのデータでは、
> 用いる分析手法が異なるよ！

③ 調査結果の評価

新商品案のキャロット＆マンゴーを「P」、既存商品のキャロットを「Q」とラベル付けして、試飲調査を行いました。1人が両方の商品を飲み比べ、買いたいと思うかについて100点満点で評価した結果は、右のとおりです。
回答者20人の評価をもとに、新商品案と既存商品の評価差を検証し、商品の入れ替えに適しているかどうかを検討します。検討手順は、次のとおりです。

	A	B	C	D	E
1	試飲調査		100点満点		
2					
3	回答者	P	Q		
4	1	80	75		
5	2	75	70		
6	3	80	80		
7	4	90	85		
8	5	95	90		
9	6	80	75		
10	7	80	85		
11	8	85	80		
12	9	85	80		
13	10	80	75		
14	11	90	80		
15	12	80	75		
16	13	75	70		
17	14	90	85		
18	15	85	80		
19	16	85	75		
20	17	90	80		
21	18	90	80		
22	19	85	90		
23	20	80	80		

1 調査結果の評価差を算出する

▼

2 評価差の全体傾向を確認する（基本統計量）

▼

3 評価差は統計的に意味があるか検証する（対応ありのt検定）

▼

4 商品入れ替えの判断につなげる

1 評価差の算出

PとQの評価差を求めましょう。ここでは、**「Pの評価−Qの評価」**で求めます。

 Try!! 操作しよう

シート **「試飲調査」** のD列に、PとQの評価差を求めましょう。

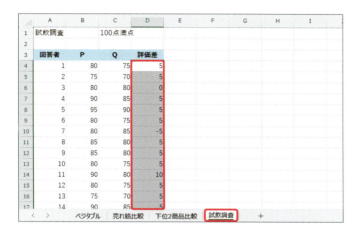

> どのように評価差を求めるのだろう？

❶ シート **「試飲調査」** のセル **【D3】** に 「評価差」 と入力します。

❷ セル **【D4】** に 「=B4-C4」 と入力します。

評価差が求められます。

❸ セル **【D4】** を選択し、セル右下の ■ （フィルハンドル）をダブルクリックします。

数式がコピーされます。

第4章　仮説を立てて検証しよう

Check!! 結果を確認しよう

評価差の値を見ると、ほとんどがプラスの値になっています。つまり、Pを高く評価した人が多いことがわかります。5点や10点の差を付けた人が多いこともわかります。

> PがQと比べてかなり評価されていることがわかるね！

	A	B	C	D	E
1	試飲調査		100点満点		
2					
3	回答者	P	Q	評価差	
4	1	80	75	5	
5	2	75	70	5	
6	3	80	80	0	
7	4	90	85	5	
8	5	95	90	5	
9	6	80	75	5	
10	7	80	85	-5	
11	8	85	80	5	
12	9	85	80	5	
13	10	80	75	5	
14	11	90	80	10	
15	12	80	75	5	
16	13	75	70	5	
17	14	90	85	5	
18	15	85	80	5	
19	16	85	75	10	
20	17	90	80	10	
21	18	90	80	10	
22	19	85	90	-5	
23	20	80	80	0	

2 評価差の基本統計量の算出

次に、算出したPとQの評価差には、どのような傾向があるかを確認します。

 Try!! 操作しよう

分析ツールを使って基本統計量を算出しましょう。結果は
セル【F3】を開始位置として出力します。

基本統計量の算出の
おさらいだね！

❶《データ》タブ→《分析》グループの
《データ分析ツール》をクリックします。

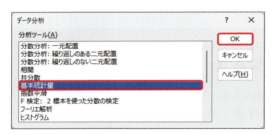

《データ分析》ダイアログボックスが表
示されます。

❷《基本統計量》を選択します。

❸《OK》をクリックします。

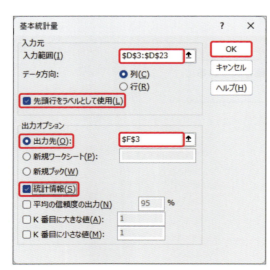

《基本統計量》ダイアログボックスが表
示されます。

❹《入力範囲》にカーソルが表示されて
いることを確認します。

❺セル範囲【D3：D23】を選択します。

❻《先頭行をラベルとして使用》をオン
にします。

❼《出力先》をオンにし、右側のボック
スにカーソルを表示します。

❽セル【F3】を選択します。

❾《統計情報》をオンにします。

❿《OK》をクリックします。

評価差の基本統計量が算出されます。
※列幅を調整しておきましょう。

Check!! 結果を確認しよう

まず、代表値を確認して、データの傾向を見ます。
評価差の平均は4.5でプラスの値になっています。この値から、P（新商品案）の方が、Q（既存商品）よりも評価が高いことがわかります。
また、中央値と最頻値は5で、平均の値と近く、データの傾向を適切に表しているといえます。
ただし、回答者が20人のサンプルデータで分析しているため、結果は偶然かもしれません。
そこで、平均の誤差を表す標準誤差を確認します。標準誤差の値は0.95…となっています。これは、20人ではなく、もっと多くの回答者を想定したとき、平均は「**4.5±0.95**」ぐらいの範囲にありそうだということを表しています。もし、この範囲に0が含まれた場合は、評価の平均に差がない状態になる可能性があると読み取れます。

評価差	
平均	4.5
標準誤差	0.952835
中央値（メジアン）	5
最頻値（モード）	5
標準偏差	4.261208
分散	18.15789
尖度	1.011775
歪度	-0.92963
範囲	15
最小	-5
最大	10
合計	90
データの個数	20

このデータは興味深いですが、標本の規模が小さいため、統計的に十分な信頼性があるかどうかをさらに検討する必要があるよ！

❸ t検定を使った対応ありのデータの比較

基本統計量から、Pの評価はQの評価よりも高い傾向にあることがわかりました。PとQの評価の平均の差に意味があるかを、t検定を使って検証します。対応ありのデータに対するt検定は、分析ツールの**「t検定：一対の標本による平均の検定」**を使います。

113

操作しよう

いよいよこれで新商品の評価分析の確認ができそうだね！

PとQの評価をもとに、対応ありのデータに対するt検定を行いましょう。結果の出力先はセル【I3】とします。

❶《データ》タブ→《分析》グループの《データ分析ツール》をクリックします。

《データ分析》ダイアログボックスが表示されます。

❷《t検定：一対の標本による平均の検定》を選択します。

❸《OK》をクリックします。

《t検定：一対の標本による平均の検定》ダイアログボックスが表示されます。

❹《変数1の入力範囲》にカーソルが表示されていることを確認します。

❺セル範囲【B3：B23】を選択します。

❻《変数2の入力範囲》にカーソルを表示します。

❼セル範囲【C3：C23】を選択します。

❽《ラベル》をオンにします。

❾《出力先》をオンにし、右側のボックスにカーソルを表示します。

❿セル【I3】を選択します。

⓫《OK》をクリックします。

t検定の結果が出力されます。
※列幅を調整しておきましょう。

Check!! 結果を確認しよう

t検定の結果から、平均とp値を確認します。平均はPが84、Qが79.5です。Pの平均がQよりも高く、その差は4.5で、2で求めた評価差の平均と同じです。

p値（P（T<=t）両側）は0.00…と非常に小さな値になっています。5%有意水準で、PとQの評価の平均の差には意味があるといえます。

※ブックに任意の名前を付けて保存し、閉じておきましょう。

t-検定: 一対の標本による平均の検定ツール		
	P	Q
平均	84	79.5
分散	30.52632	31.31579
観測数	20	20
ピアソン相関	0.706441	
仮説平均との差異	0	
自由度	19	
t	4.722748	
P(T<=t) 片側	7.41E-05	
t 境界値 片側	1.729133	
P(T<=t) 両側	0.000148	
t 境界値 両側	2.093024	

> P、つまり新商品案が評価が高いと判断してもよいでしょう！

4 商品入れ替えの判断を行う

今回、試飲調査では、**「買いたいと思うか」**で評価をしてもらいました。分析結果から、2つの商品の評価には統計的に有意な差がある、すなわち、QよりもPを買いたいと思う人が多いという結果が読み取れました。つまり、Pとして試飲してもらった新商品案のキャロット＆マンゴーを、Qとして試飲してもらった既存商品のキャロットと入れ替えることが有効であると判断できるわけです。

この調査では手順の確認のため、**「買いたいと思うか」**という評価だけで判断しましたが、詳細な項目を設定し、味、価格、量（サイズ）、含まれる栄養素など、よりよい商品開発のヒントとして、それぞれを評価してもらうことも大切です。

POINT

「対応ありのデータ」と「対応なしのデータ」の使い分け

ジュースの試飲では対応あり・なしの両方が考えられますが、評価対象によっては片方のみ適用される場合があります。例えば薬では、1人が薬AとBの両方を服用すると効果が区別できず、対応なしのデータが必要です。対応あり・なしのデータに応じてt検定を使い分けましょう。

t検定を使うと、次のような効果測定もできます。

●**対応ありのデータ**
・研修を受ける前と受けた後の成績の差
・あるダイエット器具を使った前後の体重の差

●**対応なしのデータ**
・会員と非会員の購入金額の違い
・A社のテキストで学んだ人とB社のテキストで学んだ人との成績の差

115

結果を読み解く注意点

同じデータを同じ操作で扱えば、同じ結果になるはずです。これが「**ファクト（客観的事実）**」であり、それを「**よい**」、「**悪い**」と感じるのは主観的判断で、「**ファインディング（主観的解釈）**」と呼ばれます。データ分析とは、ファクトを基にファインディングを導き出す作業です。計算の正確さが目的ではなく、結果をどう読み解くかが重要です。

データ分析では、1ポイントの差でも「**差がある**」とされますが、それが意味のある差かは別問題です。

	A店	B店
フルーツ	42.5%	28.7%
ベジタブル	27.5%	35.0%
季節限定	30.0%	36.3%
総計	100%	100%

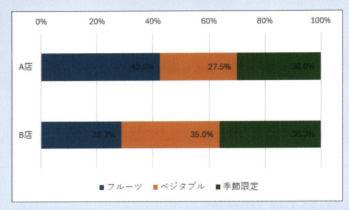

例えば、経営陣が「**A店で季節限定商品の売上を他店の倍にする**」と目標を立て、キャンペーンを続けたとします。その視点では「**6.3ポイントの差しかない**」と見えるでしょう。一方、「**季節限定商品はベジタブルより人気がない**」と考えていた場合、この差でも「**季節限定商品は意外と人気がある**」と感じるでしょう。

データの結果が大きいか小さいか、差があるかを判断するには「**参照基準**」が重要です。参照基準とは「**これくらいが妥当**」という自分の基準であり、それによってデータを解釈し、ファクト（客観的事実）からファインディング（主観的解釈）を見つけられます。

参照基準の重要性を示す有名な例を紹介します。イトーヨーカドーの鈴木敏文元会長は「**夏の25℃は寒く感じておでんが売れ、冬の25℃は暑く感じて半袖が売れる**」と語っています（出典：勝見明『鈴木敏文の統計心理学』プレジデント社）。同じ数値でも文脈によって解釈が異なることを示す例です。データ分析では背景知識や参照基準が必要ですが、それが不足している場合はヒアリングや文献レビューで補う必要があります。

練習問題

解答 » P.13

スポンジAとスポンジBの売上個数のばらつきや平均の差に意味があるかどうかを検証しましょう。また、他社の商品と比較し、評価の差に意味があるかどうかを検証しましょう。

Try!! 操作しよう

➡ ブック「第4章練習問題」を開いておきましょう。

F検定を使ったばらつきの比較

❶ シート「**2商品売上個数**」のデータをもとに、スポンジAとスポンジBの売上個数のばらつきの差に意味があるかどうかを、F検定を使って検証しましょう。結果の出力先はセル【E3】とします。

t検定を使った平均の比較

❷ シート「**2商品売上個数**」のデータをもとに、スポンジAとスポンジBの売上個数の平均の差に意味があるかどうかを、t検定を使って検証しましょう。結果の出力先はセル【I3】とします。

t検定を使った評価の比較

❸ シート「**モニター調査**」のデータはスポンジAを「**P**」、他社のスポンジを「**Q**」として、100点満点で1人の回答者に商品の良さを評価してもらった結果です。2つの評価の平均の差に意味があるかどうかを、t検定を使って検証しましょう。結果の出力先はセル【E3】とします。

この章で学んだF検定、t検定をそれぞれ使って検証するんだね！えっと、《データ分析ツール》から…。

Check!! 結果を確認しよう

結果から、どのようなことが読み取れるか考えてみましょう。

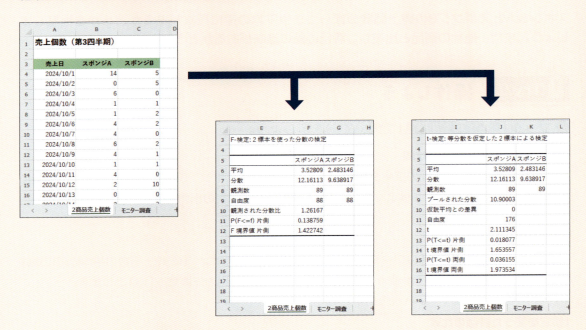

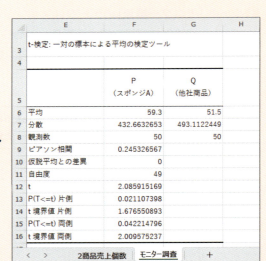

※ブックに任意の名前を付けて保存し、閉じておきましょう。

第 **5** 章

関係性を分析して
ビジネスヒントを見つけよう

STEP 1 変数の関係性を視覚化する

STEP 2 変数の関係性を客観的な数値で表す

STEP 3 相関分析の注意点を確認する

STEP 4 原因と結果の関係に注目して売上個数を分析する

STEP 5 アンケート結果を分析する

1 変数の関係性を視覚化する

これまでの章では、売上個数や試飲調査の点数といった1つの変数でデータを分析しました。しかし、売上アップには複数の変数が関係している可能性があります。複数の変数を分析することで、新たなヒントが得られるかもしれません。

ジューススタンドでは、スタッフのスキルアップとサービスの向上を目指し、ジュースマイスター試験を実施しています。

各4つの科目は、100点満点の数値で表す量的変数です。1行に1人のデータを入力した結果は、右のとおりです。

結果から平均点の算出や合否の判定をするだけでなく、スタッフ全体の傾向や変数の関係性を見ることで、スタッフの配置や評価に役立てたり、サービス向上につなげたりすることができます。例えば、次のようなことが考えられます。

試験の結果から、ビジネスのヒントとなり得る変数の関係性を見つけてみましょう。

① 散布図を使った量的変数の視覚化

まずは、量的変数の関係性を視覚化してみましょう。

量的変数を視覚化するには**散布図**が役に立ちます。散布図は縦軸と横軸に変数を配置し、データを点で表したものです。点の散らばり具合や集まり具合から、2つの変数の関係性を読み取ることができます。散布図は、グラフ機能を使って作成します。

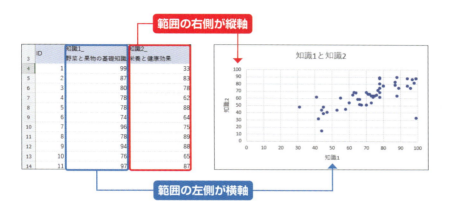

ここでは、ジュースマイスター試験の各科目の点数について、関係性を視覚化する散布図を作成してみましょう。

🖱 Try!! 操作しよう

➡ ブック「第5章」を開いておきましょう。

シート「**ジュースマイスター**」のデータをもとに、「**知識1と知識2**」、「**知識1と実技1**」の2つの散布図を作成しましょう。軸の最大値を「**100**」、目盛間隔を「**10**」に設定します。次に、2つの散布図を比較しましょう。

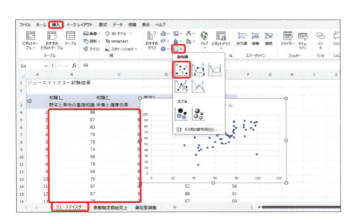

❶ シート「ジュースマイスター」のセル範囲【**B4：C53**】を選択します。

❷ 《**挿入**》タブ→《**グラフ**》グループの《**散布図（X,Y）またはバブルチャートの挿入**》→《**散布図**》の《**散布図**》をクリックします。

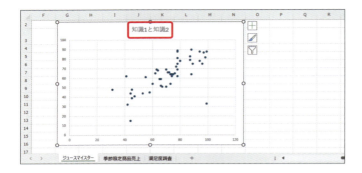

散布図が作成されます。
※グラフの位置とサイズを調整しておきましょう。

❸ グラフタイトルを**「知識1と知識2」**に
修正します。

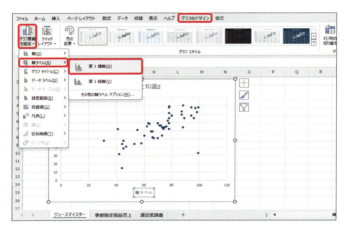

軸ラベルを追加します。

❹ 《**グラフのデザイン**》タブ→《**グラフ
のレイアウト**》グループの《**グラフ要
素を追加**》→《**軸ラベル**》→《**第1横軸**》
をクリックします。

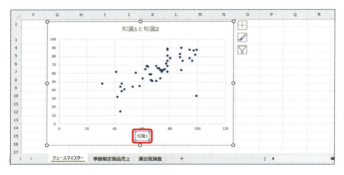

❺ 軸ラベルを**「知識1」**に修正します。

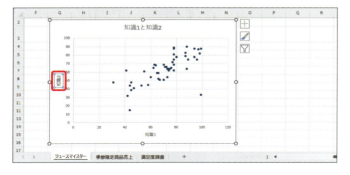

❻ 同様に、第1縦軸に軸ラベルを追加
し、**「知識2」**に修正します。

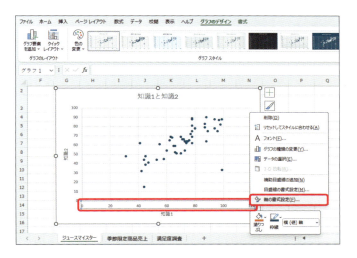

軸の書式を設定します。

❼ 横軸を右クリックします。

❽ 《軸の書式設定》をクリックします。

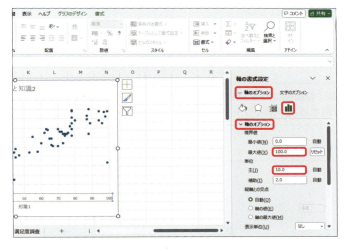

《軸の書式設定》作業ウィンドウが表示されます。

❾ 《軸のオプション》の《軸のオプション》をクリックします。

❿ 《軸のオプション》の詳細が表示されていることを確認します。
※表示されていない場合は、《軸のオプション》をクリックします。

⓫ 《最大値》に「100」と入力します。
※「100.0」と表示されます。

⓬ 《主》に「10」と入力します。
※「10.0」と表示されます。

横軸の最大値が「100」、目盛間隔が「10」に変更されます。

⓭ 縦軸の最大値が「100」、目盛間隔が「10」になっていることを確認します。

⓮ 同様に「知識1と実技1」の散布図を作成します。
※《軸の書式設定》作業ウィンドウを閉じておきましょう。

Check!! 結果を確認しよう

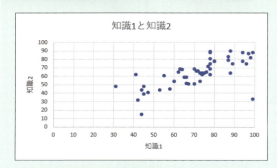

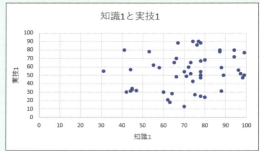

1つ目の散布図（知識1と知識2）を見ると、右上がりに点が集まっています。一方の点数が高い人はもう一方の点数も高く、逆に一方の点数が低い人はもう一方の点数も低いという関係性があるように見えます。

2つ目の散布図（知識1と実技1）を見ると、点は散らばっており、2つの科目の点数に関係性があるようには見えません。

「知識1と知識2」の関係はわかりやすいですが、「知識1と実技1」の関係をどう解釈するかがポイントです！

POINT

散布図を比較するときの注意点

複数の散布図を比較する場合は、散布図のサイズ、軸の最大値や目盛間隔などを同じにして比較するようにしましょう。

例えば、次の散布図は同じデータをもとにしていますが、横幅が異なるため、印象が変わって見えます。

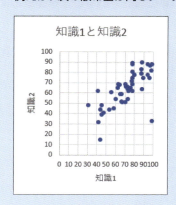

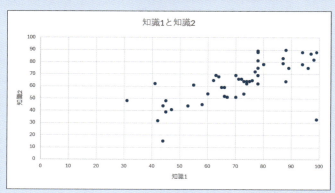

2 変数の関係性を客観的な数値で表す

2つの変数の関係の強さを調べるにはどうすればよい？

① 相関係数

「**知識1と知識2**」の散布図では、2つの変数に右上がりの関係性があるように見えました。
では、この2つの関係性はどれくらい強いのでしょうか？

散布図を見るだけだとわかりにくいなぁ……。

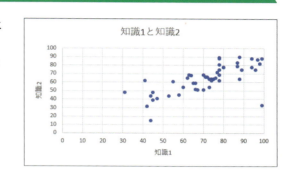

2つの変数の関係性の強さを調べる分析を**相関分析**といいます。相関分析によって得られた相関の強さを表す値を**相関係数**といいます。
相関係数は0から1（または0から−1）の範囲で相関の強弱を表し、「＋」や「−」を外した絶対値で、右のように判断します。

相関係数	関係性
0.7以上	強い相関がある
0.4以上0.7未満	相関がある
0.2以上0.4未満	弱い相関がある
0.2未満	ほとんど相関がない

相関係数が「＋」の値の場合を**正の相関**といい、点の集まりは右上がりになります。一方が増えるともう一方も増えるという関係です。
相関係数が「−」の値の場合を**負の相関**といい、点の集まりは右下がりになります。一方が増えるともう一方は減るという関係です。

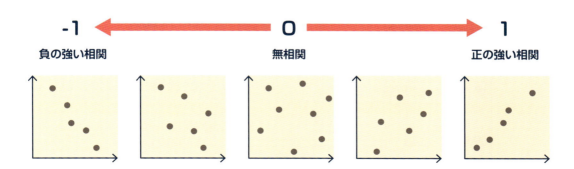

-1　負の強い相関　　　　0　無相関　　　　1　正の強い相関

② 相関の計算

散布図から見えた関係性を、客観的な数値（相関係数）として表すには、分析ツールの**「相関」**を使います。

Try!! 操作しよう

シート**「ジュースマイスター」**の試験結果をもとに、4科目の相関係数を計算しましょう。
結果の出力先は、新しいシート**「全科目相関」**とします。

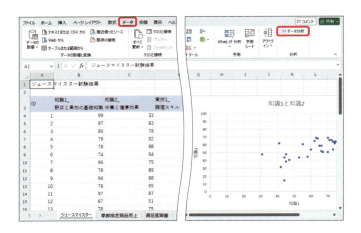

❶《データ》タブ→《分析》グループの《データ分析ツール》をクリックします。

※《データ分析ツール》が表示されていない場合は、P.35「1　分析ツールの設定」を参照して表示しておきましょう。

《データ分析》ダイアログボックスが表示されます。

❷《相関》を選択します。

❸《OK》をクリックします。

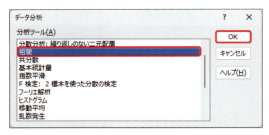

《相関》ダイアログボックスが表示されます。

❹《入力範囲》にカーソルが表示されていることを確認します。

❺セル範囲【B3：E53】を選択します。

❻《先頭行をラベルとして使用》をオンにします。

❼《新規ワークシート》をオンにし、「全科目相関」と入力します。

❽《OK》をクリックします。

シート「**全科目相関**」に4科目の相関係数が出力されます。

※列幅と行の高さを調整しておきましょう。

Check!! 結果を確認しよう

	A	B 知識1_ 野菜と果物の基礎知識	C 知識2_ 栄養と健康効果	D 実技1_ 調理スキル	E 実技2_ サービススキル	F
1						
2	知識1_ 野菜と果物の基礎知識	1				
3	知識2_ 栄養と健康効果	0.707997165	1			
4	実技1_ 調理スキル	0.237469689	0.114399525	1		
5	実技2_ サービススキル	0.351568466	0.227395607	0.734846402	1	
6						

「知識1」と「知識2」の相関係数は0.70…、「実技1」と「実技2」の相関係数は0.73…なので、正の強い相関があることがわかります。

「知識2」と「実技1」の相関係数は0.11…で、ほとんど相関がないことがわかります。「知識2」と「実技1」以外の知識と実技の組み合わせは、相関係数が0.2～0.4の範囲に含まれるため、相関関係はあるものの、そこまで強くはないことがわかります。つまり、知識も実技もどちらも得意な人は多くないといえます。スタッフ全体のスキルアップを考えるならば、実技の得意な人を対象に知識分野の研修を行うなど、不足するスキルを補う方法が有効だといえるでしょう。

相関係数が0.7以上ある場合は、かなり強い関連性があると考えられます！

127

ヒートマップを使った相関関係の視覚化

相関分析の結果は、見ただけで傾向がわかるようにヒートマップで視覚化すると効果的です。
次の例は、「赤、白のカラースケール」を適用した結果です。濃色が相関関係が強く、淡色になるにつれ、相関が弱くなるというように、色の濃淡で相関関係の強弱がわかります。

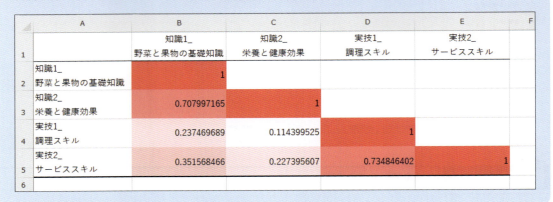

	A	B	C	D	E	F
1		知識1_ 野菜と果物の基礎知識	知識2_ 栄養と健康効果	実技1_ 調理スキル	実技2_ サービススキル	
2	知識1_ 野菜と果物の基礎知識	1				
3	知識2_ 栄養と健康効果	0.707997165	1			
4	実技1_ 調理スキル	0.237469689	0.114399525	1		
5	実技2_ サービススキル	0.351568466	0.227395607	0.734846402	1	
6						

CORREL関数

分析ツールを使わずに、**CORREL関数**を使って2つのグループの相関係数を求めることができます。
CORREL関数の書式は、次のとおりです。

=CORREL（配列1,配列2）

※配列1と配列2には、それぞれグループのデータが入力されたセル範囲を指定します。

CORREL関数を使って、知識1と知識2の相関係数を求めると次のようになります。

H4 | =CORREL(B4:B53,C4:C53)

	A	B	C	D	E	F	G	H	I
1	ジュースマイスター試験結果								
2									
3	ID	知識1_ 野菜と果物の基礎知識	知識2_ 栄養と健康効果	実技1_ 調理スキル	実技2_ サービススキル			相関係数	
4	1	99	33	77	78		知識1と知識2	0.707997165	
5	2	87	83	80	98				
6	3	80	78	68	82				
7	4	78	62	50	56				
8	5	78	88	88	91				
9	6	74	64	43	41				
10	7	96	75	56	65				
11	8	78	89	25	62				
12	9	94	88	72	79				
13	10	76	65	86	80				

3 相関分析の注意点を確認する

相関係数や外れ値はどのようにとらえればよい？

① 相関係数だけで判断しても大丈夫？

相関係数を判断するときには、気を付けなければ
ならない注意点があります。右の散布図を見てみ
ましょう。

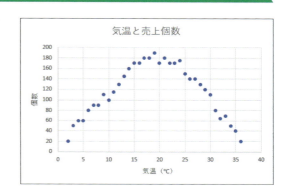

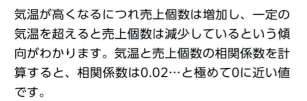

気温が上がるにつれ売れて
いるけど、高すぎると売上
が減っている？

気温が高くなるにつれ売上個数は増加し、一定の
気温を超えると売上個数は減少しているという傾
向がわかります。気温と売上個数の相関係数を計
算すると、相関係数は0.02…と極めて0に近い値
です。

この例のように、相関係数が極めて0に近く、相関がほとんどなくても、散布図を見ると2つの変数
に関係性があるように見える場合があります。

分析ツールで求めた相関係数は、2つの変数の一方の変化に伴い、もう一方がどのように変化するか
という比例関係を、直線を表す式に当てはめたものです。あくまで直線関係の程度を表しているので、
相関が0に近くても関係性がないとは限りません。

そのため、いきなり相関係数だけを計算して**「相関係数が0に近いから、2つの変数には関係性がない」**
と判断すると、本来あるはずの関係性を見過ごす可能性があります。

データ分析では、数値による分析と視覚化の両方が大切です。相関係数を求めると共に、散布図を
作成し、全体の傾向を確認するようにしましょう。

第5章 関係性を分析してビジネスヒントを見つけよう

129

② 外れ値を含めたままで大丈夫？

相関が強いと散布図は直線的な点の集まりになります。例えば、一方が増えるともう一方も増えるという傾向があれば右上がりになります。このことを踏まえて、**「知識1と知識2」**の散布図を見てみましょう。

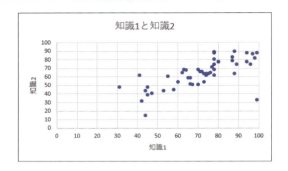

全体的には右上がりの傾向が強いものの、**「知識1の点数は高いが、知識2の点数は低い」**といった外れた値もあります。相関が強いほど、この**外れ値**が目立ちます。外れ値は入力ミスなどの可能性もあり、場合によっては散布図や相関係数に影響を及ぼすことがあります。その場合は、外れ値を除く必要があります。

次の散布図を見てみましょう。左側の散布図と右側の散布図は1つだけ異なる値があります。たった1つ外れ値があるだけですが、点の集まり具合が異なるように見えます。また、相関係数も異なっていることがわかります。

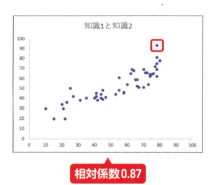

ただし、外れ値は悪いものばかりではなく、新たなヒントを見つけるために有効な場合があります。外れ値がもとのデータのどれであるかを確認し、原因について仮説を立てて、さらなる分析を行うとよいでしょう。

散布図で外れ値を確認するには、データラベルが役に立ちます。

外れ値を無視するのではなく、その背景を考えることが、より深い分析へとつながるよ！

「知識1と知識2」の散布図にデータラベルを表示し、
外れ値のデータを確認しましょう。
データラベルには、IDを表示します。

データラベルはどのように
表示するのだろう？

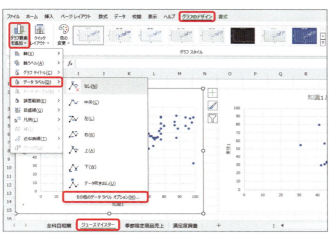

❶ シート「ジュースマイスター」の「知識1と知識2」の散布図を選択します。

❷ 《グラフのデザイン》タブ→《グラフのレイアウト》グループの《グラフ要素を追加》→《データラベル》→《その他のデータラベルオプション》をクリックします。

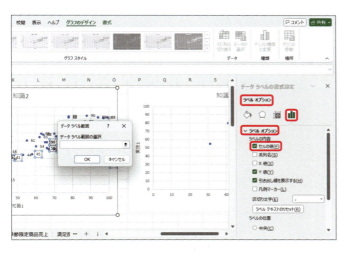

《データラベルの書式設定》作業ウィンドウが表示されます。

❸ 《ラベルオプション》の《ラベルオプション》をクリックします。

❹ 《ラベルオプション》の詳細が表示されていることを確認します。

※表示されていない場合は、《ラベルオプション》をクリックします。

❺ 《セルの値》をオンにします。

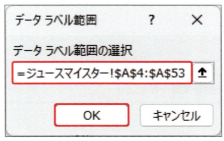

《データラベル範囲》ダイアログボックスが表示されます。

❻ 《データラベル範囲の選択》にカーソルが表示されていることを確認します。

❼ セル範囲【A4：A53】を選択します。

❽ 《OK》をクリックします。

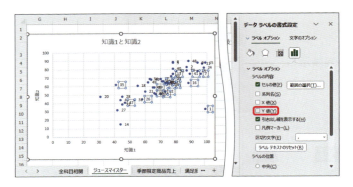

❾《Y値》をオフにします。

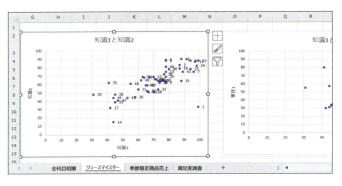

散布図にIDのデータラベルが表示されます。

※《データラベルの書式設定》作業ウィンドウを閉じておきましょう。

📋 **Check!!** **結果を確認しよう**

散布図の各点にIDのデータラベルが表示されます。全体傾向から外れた点を見ると、ID1、ID14、ID20、ID35などであることがわかります。これらのスタッフの勤務実績、所属店、担当業務などを調べて原因を探ることで、スキルアップとサービスの向上につながる研修計画のヒントが見つかるかもしれません。

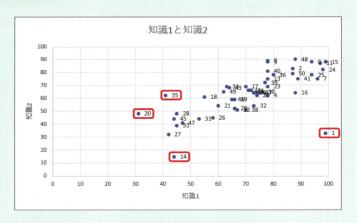

このようにデータをもとに具体的な行動計画を考えることが、分析の成果を生かす第一歩だよ！

③ その２つの変数だけで判断しても大丈夫？

散布図や相関は、２つの量的変数の関係性を考えるときによく使われます。しかし、散布図や相関は簡単にできる分析だからこそ、結果の解釈には注意が必要です。
次のような例について解釈を考えてみましょう。

事例

あるスーパーの売上データ

ビールとアイスクリームの売上高に正の相関がある
（ビールが売れている日は、アイスクリームが売れている）

「アイスクリームをおつまみにビールを飲む」や**「ビールを飲むとアイスクリームが食べたくなる」**という因果関係を考えるのは無理があります。相関関係は、２つの変数が直線的に関連していることを示すだけで、因果関係を示すものではありません。相関がある場合、直接的な関係だけでなく、背後に共通する原因がないかを考えることが重要です。

ビールとアイスクリームにはどんな関係があるのかな？

「その日が暑かった」という共通の要因により、ビールとアイスクリームの売上に正の相関が見られました。この相関は**疑似相関**と呼ばれ、直接的な因果関係を示すものではありません。正しい相関関係を明らかにするには、気温と売上高をもとにした分析が求められます。

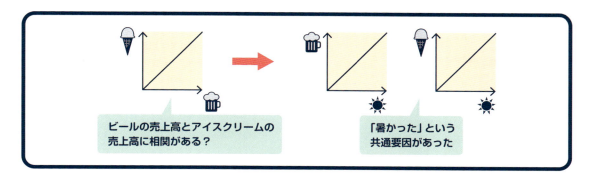

ビールの売上高とアイスクリームの
売上高に相関がある？

「暑かった」という
共通要因があった

4 原因と結果の関係に注目して 売上個数を分析する

原因と結果の関係性を確認するにはどうすればよい？

1 価格と売上個数の関係の分析

ジューススタンドでは、定番商品と季節限定商品を販売しています。定番商品は売れ行きがほぼ安定しているため、決まった量、決まった金額の仕入れを行い、毎月同じ価格で販売しています。これに対し、季節限定商品は、産地や旬にこだわったフルーツを使うため、商品によって価格が変動します。
右のデータは、季節限定商品の価格と売上個数の記録です。月ごとに価格が異なっています。
まずは、価格と売上個数に関係性があるかを確認するため、散布図で視覚化し、相関係数を求めてみましょう。

	年月	価格	個数	予測売上個数	残差
	季節限定商品　月別売上				
	2023年1月	400	180		
	2023年2月	400	125		
	2023年3月	430	101		
	2023年4月	430	88		
	2023年5月	400	165		
	2023年6月	350	209		
	2023年7月	430	154		
	2023年8月	400	156		
	2023年9月	350	237		
	2023年10月	430	59		
	2023年11月	430	103		
	2023年12月	350	156		
	2024年1月	350	165		
	2024年2月	400	107		
	2024年3月	400	200		
	2024年4月	400	165		
	2024年5月	450	66		
	2024年6月	450	52		

Try!! 操作しよう

シート「**季節限定商品売上**」の価格と個数をもとに、散布図を作成しましょう。次に、分析ツールを使って、相関係数を求めましょう。結果の出力先は、新しいシート「**売上相関**」とします。

散布図の作成、相関係数の計算……ここまでのおさらいだね！

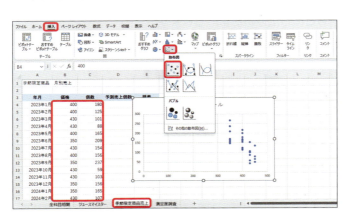

❶ シート「**季節限定商品売上**」のセル範囲【B4：C33】を選択します。

❷ 《挿入》タブ→《グラフ》グループの《散布図（X,Y）またはバブルチャートの挿入》→《散布図》の《散布図》をクリックします。

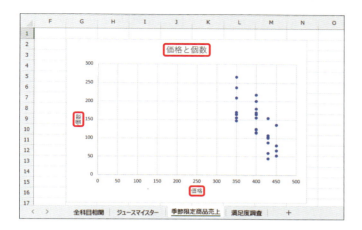

散布図が作成されます。

❸ 図のようにグラフタイトルと軸ラベ
ルを設定します。

※グラフの位置とサイズを調整しておきましょう。

※次の操作のために、グラフの選択を解除して
おきましょう。

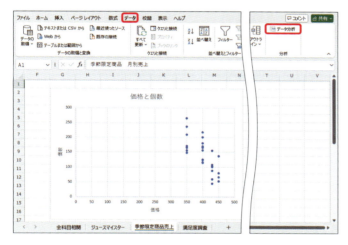

相関係数を求めます。

❹ 《データ》タブ→《分析》グループの
《データ分析ツール》をクリックします。

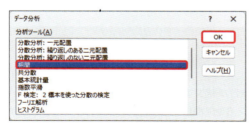

《データ分析》ダイアログボックスが表
示されます。

❺ 《相関》を選択します。

❻ 《OK》をクリックします。

《相関》ダイアログボックスが表示され
ます。

❼ 《入力範囲》をクリックし、カーソル
を表示します。

❽ セル範囲【B3：C33】を選択します。

❾ 《先頭行をラベルとして使用》をオン
にします。

❿ 《新規ワークシート》をオンにし、「売
上相関」と入力します。

⓫ 《OK》をクリックします。

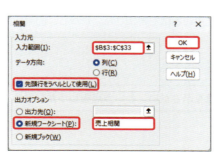

135

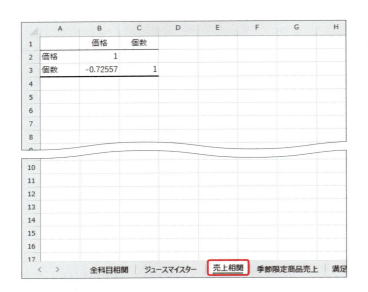

シート**「売上相関」**に価格と個数の相関係数が表示されます。

結果を確認しよう

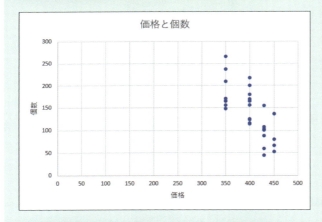

	価格	個数
価格	1	
個数	-0.72557	1

散布図を見ると、価格が高いほど、売上個数が減少する傾向が見られます。

相関係数は-0.72…で、価格と個数の2つの変数の間には負の強い相関があることがわかります。

しかし、相関分析は、2つの変数の関係性を見るための手法なので、どちらの変数がどちらの変数に影響を与えているかという因果関係を判断することはできません。次から、因果関係を判断するための手法を確認しましょう。

相関が因果を示さない、という点をしっかり覚えておこうね！

136

2 ２つの変数の因果関係

データを分析する場合は、原因を探り、対策を講じるという目的があることも多いでしょう。
その場合、2つの変数のどちらかを**原因変数**、もう一方を**結果変数**として、因果関係を考えます。
価格と個数の場合、どちらが原因変数で、どちらが結果変数といえるでしょうか？　**「価格が安くなったり高くなったりしたら、それに応じて、売上個数が増えたり減ったりする」**という関係が見えるので、**「価格」**が原因変数で、**「個数」**が結果変数と考えられます。
データ分析では、原因変数をx、結果変数をyで表します。

因果関係が想定できるデータで散布図を作成する場合、横軸（x軸）に原因変数、縦軸（y軸）に結果変数を割り当てます。横軸の値が増減したとき（原因）、縦軸の値がどう変わるか（結果）を確認できます。

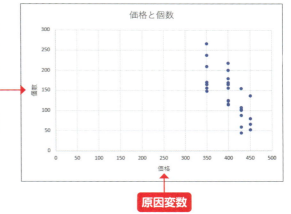

原因変数と結果変数の関係は、直線の式**「y=ax+b」**という式に当てはめることができます。これは1次関数の数式で**回帰式**といいます。
y=ax+bのaは**傾き**です。xが1増えた場合にyがどれくらい変化するかを表します。つまり、傾きはxからyへの影響の仕方を表します。bは**切片**です。xが0のときのyの値です。
傾きaの値、切片bの値がわかれば、式に値を代入するだけで、**「明日、今日より10個多く売りたい」**としたら**「いくら値引きをすればいいか」**というような予測として使うこともできます。

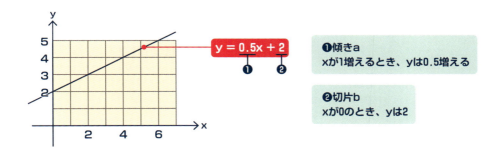

③ 近似曲線を使った売上個数の予測

散布図に直線の式「**y=ax+b**」を当てはめ、価格によって変動する売上個数を予測してみましょう。

■ 近似曲線の追加

散布図に「**近似曲線**」の「**線形近似**」を追加すると、2つの変数の関係が、各点の近くを通る直線で描かれます。また、直線の式も表示できます。

 操作しよう

散布図に近似曲線を追加しましょう。近似曲線は線形近似を使い、直線の式を表示します。

 近似曲線はどうやって追加するのだろう？

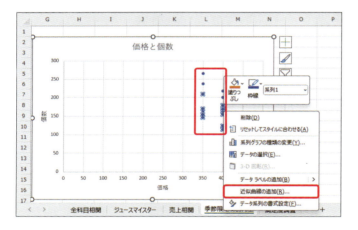

❶ シート「**季節限定商品売上**」の散布図の点を右クリックします。
※どの点でもかまいません。

❷ 《**近似曲線の追加**》をクリックします。

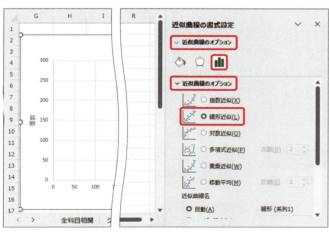

《**近似曲線の書式設定**》作業ウィンドウが表示されます。

❸ 《**近似曲線のオプション**》の《**近似曲線のオプション**》をクリックします。

❹ 《**近似曲線のオプション**》の詳細が表示されていることを確認します。
※表示されていない場合は、《近似曲線のオプション》をクリックします。

❺ 《**線形近似**》がオンになっていることを確認します。

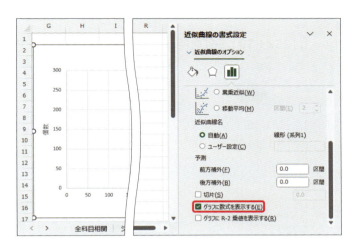

❻《グラフに数式を表示する》をオンに
します。
※表示されていない場合は、スクロールして調
整します。

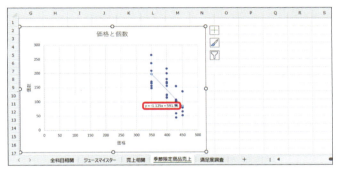

散布図に近似曲線と直線の式が表示され
ます。
※《近似曲線の書式設定》作業ウィンドウを閉じ
ておきましょう。

Check!! 結果を確認しよう

直線の式として「**y=-1.125x＋591.56**」が表示
されています。yが個数、xが価格なので、「**個数
=-1.125×価格＋591.56**」と表せます。
傾きの値を見ると、xが1増えた場合にyがどれ
くらい変化するかがわかります。
傾きaの値は、-1.125なので、価格が1円上が
ると、売上個数は1.125個少なくなるというこ
とがわかります。

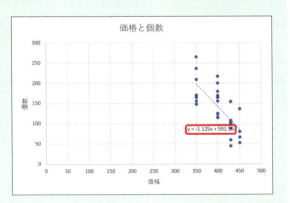

> データをもとにこの式を作ることで、販売戦略に役立てることが
> できるよ！

2 式を使った価格と売上個数の予測

近似曲線を追加して求められた直線の式「y=-1.125x＋591.56」を使って、価格と売上個数を予測することができます。

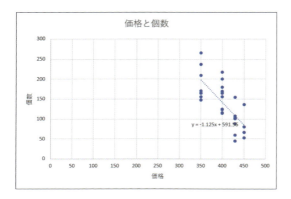

●価格の予測

10個多く売り上げるには、価格をいくらにすればよいでしょうか？価格が1円上がると、売上個数は1.125個少なくなることがわかっているので、次の式で求められます。

$$\boxed{\text{動かすxの値}} \quad = \quad \boxed{\text{yに期待する変化分}} \quad \div \quad \boxed{\text{傾き}}$$

yに期待する変化分に10個を代入して、xの値を計算します。

$10 \div (-1.125) = -8.88\cdots$円

xは「-8.88…」となり、10個多く売り上げるには、価格を9円下げればよいといえます。

●売上個数の予測

価格を300円に設定した場合、その月の売上個数は何個と期待できるでしょうか？　期待個数は、次の式で求められます。

$$\boxed{\text{期待個数y}} \quad = \quad \boxed{\text{傾き}} \quad \times \quad \boxed{\text{想定価格x}} \quad + \quad \boxed{\text{切片}}$$

想定価格xに300円を代入して、yの値を計算します。

$(-1.125) \times 300 + 591.56 = 254.06\cdots$個

yは「254.06…」となり、価格を300円に設定した場合、254個売れると期待できるといえます。

このように2つの変数を式の形で具体化することで、xからyへの影響の仕方を特定したり、任意のxの値でyの値を予測したりできるようになります。

④ 売上アップにつながるヒントを探す

近似曲線を追加して求められた直線の式「$y=-1.125x+591.56$」を使って、売上アップにつながるヒントを探してみましょう。

■ 残差からヒントを探す

直線の式を使って、売上個数の予測ができることがわかりました。しかし、計算上の予測値と実際の値は、必ずしも一致するとは限りません。この計算上の予測値と実際の値の差を**残差**といいます。

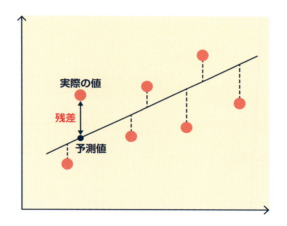

残差は、分析に採用した原因変数では説明できない部分を表しています。残差が大きい場合には、原因変数以外の要因が影響している可能性が考えられます。

ここでは、価格を原因変数、個数を結果変数として分析を行いました。しかし、売上個数が価格の高低で説明できるということは想像がつくため、新しいヒントはなかなか見つかりません。

そこで、残差を求めて、**「価格からの影響では説明できない部分」**に着目し、売上アップにつながるヒントが隠されている場所を探してみましょう。

予測売上個数と残差を求めましょう。

予測売上個数は、直線の式「**y=-1.125x+591.56**」を使い、価格xには、B列の値を代入します。残差は、C列の実際の個数からD列に求めた予測売上個数を引いて求めます。

Try!! 操作しよう

D列に予測売上個数、E列に残差を求めましょう。

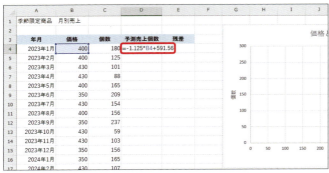

予測売上個数は直線の式を使えば計算できるね！

❶ セル【D4】に「=-1.125＊B4＋591.56」と入力します。

予測売上個数が求められます。

❷ セル【E4】に「=C4-D4」と入力します。

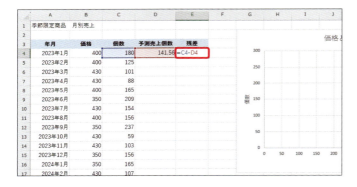

残差が求められます。

❸ セル範囲【D4：E4】を選択し、セル範囲右下の■（フィルハンドル）をダブルクリックします。

数式がコピーされます。

	年月	価格	個数	予測売上個数	残差
	季節限定商品　月別売上				
4	2023年1月	400	180	141.56	38.44
5	2023年2月	400	125	141.56	-16.56
6	2023年3月	430	101	107.81	-6.81
7	2023年4月	430	88	107.81	-19.81
8	2023年5月	400	165	141.56	23.44
9	2023年6月	350	209	197.81	11.19
10	2023年7月	430	154	107.81	46.19
11	2023年8月	400	156	141.56	14.44
12	2023年9月	350	237	197.81	39.19
13	2023年10月	430	59	107.81	-48.81
14	2023年11月	430	103	107.81	-4.81
15	2023年12月	350	156	197.81	-41.81
16	2024年1月	350	165	197.81	-32.81
17	2024年2月	430	107	107.81	-0.81
18	2024年3月	400	200	141.56	58.44
19	2024年4月	400	165	141.56	23.44
20	2024年5月	450	66	85.31	-19.31
21	2024年6月	450	52	85.31	-33.31
22	2024年7月	350	171	197.81	-26.81
23	2024年8月	350	266	197.81	68.19
24	2024年9月	450	136	85.31	50.69
25	2024年10月	400	123	141.56	-18.56
26	2024年11月	400	114	141.56	-27.56
27	2024年12月	400	116	141.56	-25.56
28	2025年1月	450	80	85.31	-5.31
29	2025年2月	350	165	197.81	-32.81
30	2025年3月	350	147	197.81	-50.81
31	2025年4月	430	44	107.81	-63.81
32	2025年5月	400	169	141.56	27.44
33	2025年6月	400	217	141.56	75.44

予測売上個数を見ると、価格が400円の月は141.56個、430円の月は107.81個と計算されます。しかし、同じ400円で売った月でも、実際の売上個数は180個だったり、125個だったりと予測売上個数とずれがあります。

予測の外れ具合を計算した残差を見ると、2023年2月のように予測とほぼ同じ月もあれば、2024年6月のように予測から大きく外れている月もあります。このような残差の大きい箇所に注目することで、売上アップにつながるヒントが得られる可能性があります。

例えば、残差の大きい2024年6月は、なぜ予測よりもかなり多く売れたのかについて調べてみると「**季節限定ジュースがSNSで話題になって購入者が増えた**」というように、原因変数に採用した価格以外の要因が見えてくるかもしれません。

予測が外れた理由を掘り下げて考えると、
次の戦略につながります！

❷ 決定係数からヒントを探す

原因変数と結果変数の関係は、直線の式「y=-1.125x＋591.56」で表すことができました。この直線の式がどれくらい実際のデータに当てはまっているのかを表す指標を**決定係数**、R^2といいます。決定係数は0から1の範囲で、1に近いほど実際の値と式との当てはまりがよく、0に近いと当てはまりがよくないことを示しています。式の当てはまりがよければ、原因変数で結果変数の増減が説明できているといえます。

散布図の近似曲線に決定係数を表示すると、想定した原因変数（価格）で、結果変数（売上個数）の増減のどれくらいを説明できるのか判断できます。

 操作しよう

近似曲線に決定係数を表示しましょう。

決定係数はどのように
表示するのかな？

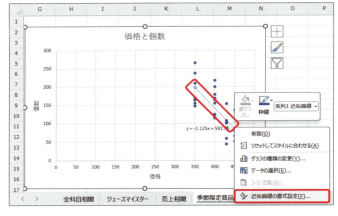

❶ 近似曲線を右クリックします。

❷ 《近似曲線の書式設定》をクリックします。

《近似曲線の書式設定》作業ウィンドウが表示されます。

❸ 《近似曲線のオプション》の《近似曲線のオプション》をクリックします。

❹ 《近似曲線のオプション》の詳細が表示されていることを確認します。
※表示されていない場合は、《近似曲線のオプション》をクリックします。

❺ 《グラフにR-2乗値を表示する》をオンにします。
※表示されていない場合は、スクロールして調整します。

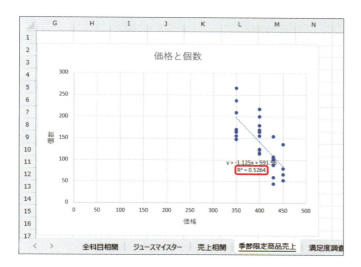

決定係数が表示されます。

※《近似曲線の書式設定》作業ウィンドウを閉じておきましょう。

※次の操作のために、グラフの選択を解除しておきましょう。

📋 Check‼ 結果を確認しよう

散布図に「$R^2=0.5264$」と表示されます。決定係数は100倍してパーセントで考えるとわかりやすいです。価格xで、売上個数yの増減を52.64%説明できるという意味になります。逆にいうと、$(1-R^2)$%は、価格以外の要因があるということになります。この価格以外の要因を探すことも重要です。

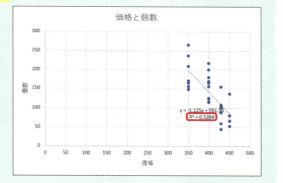

データ分析では「説明できない部分」に注目することも大切です！

🔆 POINT

決定係数の評価基準

決定係数を求めると、「いくつ以上であればよいのか？」という疑問がわきます。これに対する答えは**「決定係数は、いくつ以上であればよいという指標ではない」**ということになります。

売上個数の変化について**「価格だけで52.64%も説明できるんだ」**と感じれば、決定係数は大きいという評価になり、**「価格だけで52.64%しか説明できないんだ」**と感じれば、決定係数は小さいという評価になるからです。つまり、決定係数は分析に採用した原因変数xで説明できる結果変数yの動きを割合として示しているだけで、解釈は分析者側がする指標だということを覚えておきましょう。

⑤ 分析ツールを使った回帰分析

ここまでデータに直線を当てはめるという手法で、原因と結果の関係を分析してきました。このように原因変数が結果変数にどれくらい影響を与えるかを数値化し、関係を式で表す手法を**回帰分析**といいます。回帰分析は、散布図や近似曲線を使う方法だけでなく、分析ツールを使って行うこともできます。

分析ツールを使って回帰分析を行うと、**「概要」**、**「分散分析表」**、**「残差出力」** の順に結果が出力されます。

この中から、決定係数、切片と傾きの値、p値の3つの指標を確認しましょう。

回帰分析を行うとデータの関連性が直感的にわかりそう！

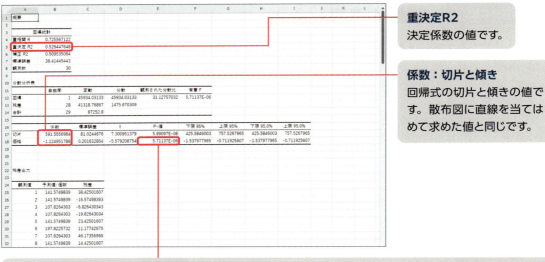

重決定R2
決定係数の値です。

係数：切片と傾き
回帰式の切片と傾きの値です。散布図に直線を当てはめて求めた値と同じです。

P-値

p値（有意確率）の値です。散布図では求められない指標です。仮説検定のp値と同じく、仮説がどれくらい偶然であるかを判断するために使います。回帰分析では**「原因変数が結果変数に影響を与える」**という仮説をもとに検証します。偶然である確率を表すp値が0に近ければ偶然である可能性は低いので、原因変数が結果変数に影響を与えたといえると判断できます。一般的には、5%有意水準を採用することが多いです。

この3つの指標をしっかり押さえることで、回帰分析の結果をより正確に解釈できます！

分析ツールの回帰分析を使って、原因変数と結果変数の関係を確認しましょう。

どのように回帰分析を
行うのかな？

Try!! 操作しよう

分析ツールの回帰分析を使って、価格が売上個数にどれくらい影響しているかを分析しましょう。結果の出力先は新しいシート「**回帰分析**」とし、残差も出力します。

❶《**データ**》タブ→《**分析**》グループの《**データ分析ツール**》をクリックします。

《**データ分析**》ダイアログボックスが表示されます。

❷《**回帰分析**》を選択します。

❸《**OK**》をクリックします。

《**回帰分析**》ダイアログボックスが表示されます。

❹《**入力Y範囲**》にカーソルが表示されていることを確認します。

❺ セル範囲【**C3：C33**】を選択します。
※結果変数を指定します。

❻《**入力X範囲**》にカーソルを表示します。

❼ セル範囲【**B3：B33**】を選択します。
※原因変数を指定します。

❽《**ラベル**》をオンにします。

❾《**新規ワークシート**》をオンにし、「**回帰分析**」と入力します。

❿《**残差**》をオンにします。

⓫《**OK**》をクリックします。

シート「**回帰分析**」に回帰分析の結果が出力されます。
※列幅を調整しておきましょう。

	A	B	C	D	E	F	G	H	I
1	概要								
2									
3		回帰統計							
4	重相関 R	0.725567122							
5	重決定 R2	0.526447648							
6	補正 R2	0.509535064							
7	標準誤差	38.41445443							
8	観測数	30							
9									
10	分散分析表								
11		自由度	変動	分散	観測された分散比	有意 F			
12	回帰	1	45934.03133	45934.03133	31.12757032	5.71137E-06			
13	残差	28	41318.76867	1475.670309					
14	合計	29	87252.8						
15									
16		係数	標準誤差	t	P-値	下限 95%	上限 95%	下限 95.0%	上限 95.0%
17	切片	591.5556984	81.0244676	7.300951379	5.99097E-08	425.5846003	757.5267965	425.5846003	757.5267965
18	価格	-1.124951786	0.201632854	-5.579208754	5.71137E-06	-1.537977965	-0.711925607	-1.537977965	-0.711925607
19									
20									

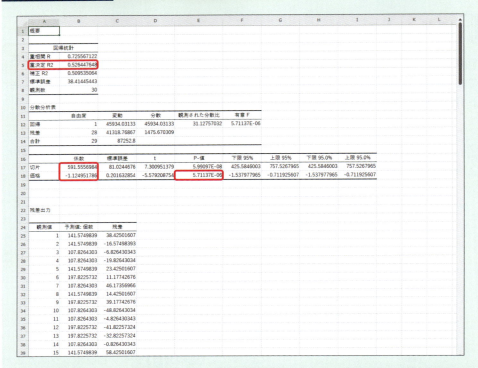

重決定R2、係数：切片と価格（傾き）の値は、近似曲線を使って求めた値と同じ結果です。小数点以下の桁数は四捨五入して調整すると確認しやすくなります。

係数：切片と価格（傾き）を見ると、切片が591.56、傾きが-1.125です。「**売上個数=-1.125×価格＋591.56**」という回帰式が求められたという意味です。また、重決定R2を見ると0.5264なので、価格xで、売上個数yの増減が52.64%説明できるという意味になります。

価格のp値は「**5.71137E-06**」と表示されています。これは5.71137×10^{-6}、すなわち「**0.00000571…**」のことです。0.05より小さいので、「**5%有意水準で、価格は売上個数に影響しているといえる**」と判断できることになります。
近似曲線では、p値を求めることができないため、回帰分析でp値を確認することが重要です。

22行目以降に出力されている残差も先に計算した結果と同じです。

回帰分析を使うと、このようにデータ間の関係性を具体的に数値化できます！

回帰分析の注意点

回帰分析を誤用しないよう、次のような点に注意しましょう。

● 回帰分析は、直線関係（線形近似）の当てはめである

回帰分析では、「y=ax+b」という式を当てはめるので、直線関係にないデータへの適用には向いていません。そのため、回帰分析を行う前には、散布図で関係の形を確認します。

● yとxを逆にすると意味が変わる

原因変数と結果変数を入れ替えても、決定係数（R^2）の値は変わりません。しかし、売上個数が増えれば、価格が下がるという仮説になってしまい、意味が変わってしまいます。分析者が想定した仮説をもとに、因果関係が成立するかをよく考えて分析しましょう。

STEP UP

直線以外の傾向にも式を当てはめてみよう

散布図に近似曲線を追加し、直線（回帰式）を用いてxからyへの影響を分析しました。ただし、データは必ずしも直線関係とは限りません。例えば、最高気温とアイスクリーム売上の関係を考えると、暑くなるほど売上が急増する傾向があります。以下の散布図では、最高気温と売上個数が直線ではなく曲線的な傾向を示しています。このようにデータが大きく増減する場合は、直線以外の式で分析することが有効です。

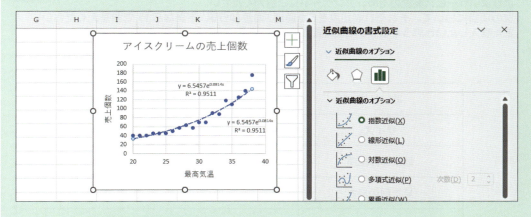

データの傾向に合わせた分析を行うことで、柔軟に予測ができるんだね！

5 アンケート結果を分析する

アンケート結果のデータをどのように分析する？

① アンケート項目の検討

売上アップを目指すには、お客様のニーズに合った商品やサービス向上が必須です。一度購入した
お客様が商品やサービスを気に入って、繰り返し購入してくれたり、人に勧めてくれたりすることで、
ジューススタンドのファンが増えて、売上アップにつながると考えました。

そこで、アンケートを作成し、お客様の満足度を調査することにしました。

調査項目には、おいしさ、サイズ、健康への配慮、見た目の良さ、支払方法の豊富さを設定し、満
足度がどれくらいであるかを5段階で評価してもらいます。

アンケート調査の設計と分析の最大のポイントは、**「何がわかったら役に立つのか」＝「何かの変数が
何に影響するのか」**という原因と結果の関係を考えることです。

例えば、どの調査項目の満足度を上げれば繰り返し購入してくれるのかという関係を分析する場合、
調査項目が原因、繰り返し購入したいという購入意向を結果として、回帰分析を行います。

本日はご来店ありがとうございました。
よりよいサービス実現のため、アンケートにご協力ください。
次の項目について、それぞれ満足度を5点満点（満足なら5、不満なら1）でお答えください。
また購入したいと思うかどうかを5点満点（はいなら5、いいえなら1）でお答えください。

	満足	どちらともいえない			不満
おいしさ	5 ・	4 ・	3 ・	2 ・	1
サイズ	5 ・	4 ・	3 ・	2 ・	1
健康への配慮	5 ・	4 ・	3 ・	2 ・	1
見た目の良さ	5 ・	4 ・	3 ・	2 ・	1
支払方法の豊富さ	5 ・	4 ・	3 ・	2 ・	1

原因

	はい	どちらともいえない			いいえ
また購入したいと思いますか	5 ・	4 ・	3 ・	2 ・	1

結果

質的変数を使った回帰分析

回帰分析では、満足度や個数、金額など量的変数を使用します。性別やクーポン券の有無など質的変数を使って分析をしたい場合、数字に置き換えた**ダミー変数**を作成します。ダミー変数は二者択一で「0」または「1」を入力します。

例 クーポン券の有無の影響を調べる→「あり」を「1」、「なし」を「0」にするダミー変数を作成して分析を行う

	A	B	C	D	E	F	G	H	I
1	ID	クーポン券の有無	ダミー変数	おいしさ	サイズ	健康への配慮	見た目の良さ	支払方法の豊富さ	購入意向
2	1 あり		1	4	3	3	3	5	4
3	2 なし		0	5	5	5	4	3	5
4	3 あり		1	3	2	4	3	3	2
5	4 なし		0	5	3	3	3	3	2
6	5 なし		0	4	2	3	2	2	2
7	6 あり		1	5	3	3	4	5	5
8	7 なし		0	5	4	3	4	3	4
9	8 あり		1	4	4	3	3	4	5
10	9 あり		1	4	3	4	3	2	2
11	10 なし		0	4	4	2	3	3	3
12	11 あり		1	3	3	3	2	3	3
13	12 なし		0	3	3	4	3	2	2
14	13 あり		1	3	3	4	4	4	4
15	14 なし		0	3	3	3	4	2	3
16	15 なし		0	4	3	4	3	2	2

あり→1
なし→0

ダミー変数を作成するには、**IF関数**を使うと便利です。IF関数の書式は、次のとおりです。

=IF（論理式，真の場合，偽の場合）

❶論理式
判断の基準となる条件を式で指定します。

❷真の場合
論理式の結果が真（TRUE）の場合の処理を数値または数式、文字列で指定します。

❸偽の場合
論理式の結果が偽（FALSE）の場合の処理を数値または数式、文字列で指定します。

	A	B	C	D	E	F	G	H	I
1	ID	クーポン券の有無	ダミー変数	おいしさ	サイズ	健康への配慮	見た目の良さ	支払方法の豊富さ	購入意向
2	1 あり	=IF(B2="あり",1,0)			3	3	3	5	4
3	2 なし	0	5	5	5	4	3	5	
4	3 あり	1	3	2	4	3	3	2	
5	4 なし	0	5	3	3	3	3	2	
6	5 なし	0	4	2	3	2	2	2	
7	6 あり	1	5	3	3	4	5	5	
8	7 なし	0	5	4	3	4	3	4	
9	8 あり	1	4	4	3	3	4	5	
10	9 あり	1	4	3	4	3	2	2	
11	10 なし	0	4	4	2	3	3	3	
12	11 あり	1	3	3	3	2	3	3	
13	12 なし	0	3	3	4	3	2	2	
14	13 あり	1	3	3	4	4	4	4	
15	14 なし	0	4	3	3	4	2	3	

=IF(B2="あり",1,0)

< > … 売上相関　回帰分析　季節限定商品売上　重回帰分析　満足度調査　＋

② 重回帰分析を使ったアンケート結果の分析

原因変数が結果変数にどれくらい影響を与えるのかという因果関係を分析するには、回帰分析を使います。原因変数が1つの場合の回帰分析を**単回帰分析**といいます。これに対して、原因変数が複数の場合の回帰分析を**重回帰分析**といいます。

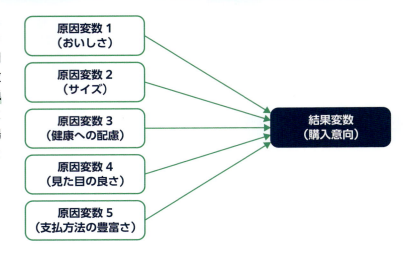

単回帰分析では、「**y=ax+b**」という直線の式（回帰式）を使いました。
重回帰分析でも同様の式を使います。式をわかりやすくするため、複数ある原因変数を、添え字を使って表現します。
原因変数xをn個にした重回帰分析の式は次のとおりです。aが傾き、bが切片を表します。

$$y = a_1 x_1 + a_2 x_2 + \cdots + a_n x_n + b$$

この式に変数名を入れると次のようになります。

購入意向 $= a_1 \times$ おいしさ $+ a_2 \times$ サイズ $+ a_3 \times$ 健康への配慮
$+ a_4 \times$ 見た目の良さ $+ a_5 \times$ 支払方法の豊富さ $+ b$

分析ツールの回帰分析を使って、複数ある原因変数と結果変数の関係を確認しましょう。

 **操作しよう**

分析ツールの回帰分析を使って、シート「**満足度調査**」の各項目が購入意向にどれくらい影響しているかを分析しましょう。結果の出力先は新しいシート「**重回帰分析**」とし、残差も出力します。

満足度のどの項目が一番影響するか確認できそう！

❶ シート「満足度調査」を表示します。

❷ 《データ》タブ→《分析》グループの《データ分析ツール》をクリックします。

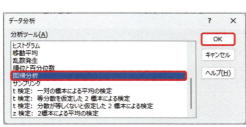

《データ分析》ダイアログボックスが表示されます。

❸ 《回帰分析》を選択します。

❹ 《OK》をクリックします。

《回帰分析》ダイアログボックスが表示されます。

❺ 《入力Y範囲》にカーソルを表示します。
※前の設定が残っている場合は、カーソルは末尾に表示します。

❻ セル範囲【G1:G201】を選択します。
※結果変数を指定します。

❼ 《入力X範囲》にカーソルを表示します。

❽ セル範囲【B1:F201】を選択します。
※原因変数を指定します。

❾ 《ラベル》をオンにします。

❿ 《新規ワークシート》をオンにし、「重回帰分析」と入力します。

⓫ 《残差》をオンにします。

⓬ 《OK》をクリックします。

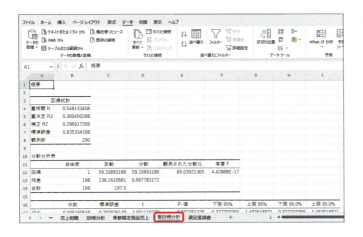

シート「重回帰分析」に重回帰分析の結果が出力されます。
※列幅を調整しておきましょう。
※分析ツールを無効にしておきましょう。分析ツールを無効にするには、《ファイル》タブ→《オプション》→左側の一覧から《アドイン》を選択→《管理》の→《Excelアドイン》→《設定》→《分析ツール》をオフにします。
※お使いの環境によっては、《オプション》が表示されていない場合があります。その場合は、《その他》→《オプション》をクリックします。

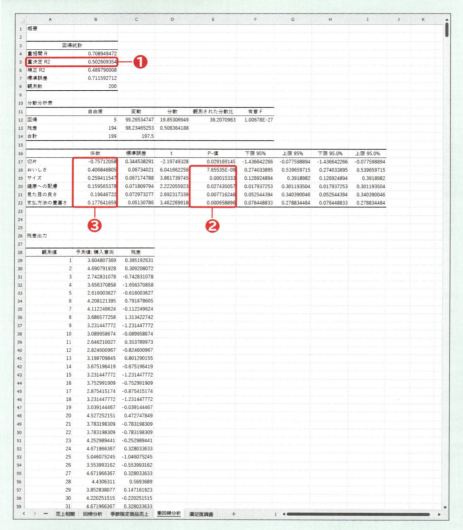

❶ **重決定R2**

重決定R2の値は、0.5026…です。購入意向yが高かったり低かったりするという違いを**「おいしさ」**から**「支払方法の豊富さ」**までの5つの原因変数で説明しようとした場合、50.26%説明できることがわかります。

❷ **P-値**

係数のp値は、どれも0.05より小さいので、5%有意水準で有意であると判断できます。つまり、**「おいしさ」**から**「支払方法の豊富さ」**までの5つの原因変数は、それぞれ購入意向yに影響しているといえます。

❸ 係数

出力結果を重回帰分析の式に当てはめると、次のようになります。数値は小数第3位で四捨五入しています。

$$購入意向 = 0.41 × \boxed{おいしさ} + 0.26 × \boxed{サイズ} + 0.16 × \boxed{健康への配慮}$$
$$+ 0.20 × \boxed{見た目の良さ} + 0.18 × \boxed{支払方法の豊富さ} + (-0.76)$$

それぞれの係数は、対応する原因変数xが1単位動いたときの結果変数yの動き方を表しています。すなわち、次のような関係になります。

> ・おいしさの満足度を1点高める → 購入意向が0.41上がる
> ・サイズの満足度を1点高める → 購入意向が0.26上がる
> ・健康への配慮の満足度を1点高める → 購入意向が0.16上がる
> ・見た目の良さの満足度を1点高める → 購入意向が0.20上がる
> ・支払方法の豊富さの満足度を1点高める → 購入意向が0.18上がる

この結果から、購入意向に最も影響を与えるのは「おいしさの満足度」であることがわかります。売上アップには、おいしさにこだわった商品づくりが重要です。ただし、「おいしさ」の定義は人それぞれ異なるため、新鮮さや甘味、酸味など、具体的な基準をさらに調査する必要があります。

また、ほかの満足度も購入意向に一定の影響を及ぼします。例えば、サイズの満足度は平均が低く、不満を抱える顧客が多いことが示されています。サイズの改善案を検討するためにも、追加の調査が求められます。アンケート分析では、代表値やクロス集計を活用し、満足度の要因を詳しく把握することが重要です。

	おいしさ	サイズ	健康への配慮	見た目の良さ	支払方法の豊富さ
平均値	4.09	3.19	3.52	3.21	3.52
標準偏差	0.84	0.94	0.78	0.75	1.06

※ブックに任意の名前を付けて保存し、閉じておきましょう。

数値だけではなく、その背後にあるお客様のニーズをしっかり把握することも重要性です！

POINT

重回帰分析の活用例

重回帰分析は、要因分析や予測などに活用できます。

● 要因分析

重回帰分析で算出した係数から、原因変数の影響度を分析します。複数の変数の係数を比較すると、結果変数に最も大きい影響を与える原因変数がわかります。

● 予測

重回帰分析によって得られた回帰式をもとに、原因変数へ任意の値を代入して、結果変数の値を予測することができます。

例えば、新店舗を出店しようと計画する場合、既存店のデータから新店舗のおおよその売上高を予測できます。店舗面積、席数、最寄りの駅からの徒歩（分）、メニュー数などを原因変数、売上高を結果変数として、重回帰分析を行い、回帰式を求めます。この回帰式に新店舗の面積などの値を代入すると、おおよその売上高を予測することができます。

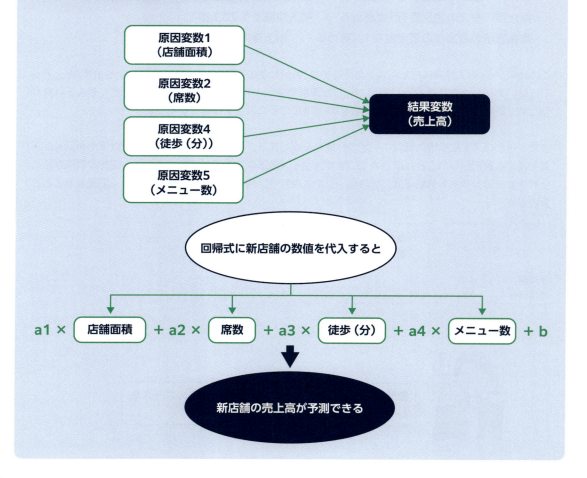

練習問題-1

解答 >> P.16

商品ページのアクセス数と売上個数のデータをもとに、散布図や相関、近似曲線などを使って、変数の関係性を分析し、ビジネスのヒントを探しましょう。

Try!! 操作しよう

➡ ブック「第5章練習問題-1」を開いておきましょう。

散布図を使った量的変数の視覚化

❶ シート「**アクセス数**」の商品ページアクセス数とスポンジA売上個数をもとに、散布図を作成しましょう。

❷ グラフタイトルを「**アクセス数と売上個数**」に修正しましょう。次に、縦軸の軸ラベル「**売上個数**」と横軸の軸ラベル「**アクセス数**」を追加しましょう。

> まずは散布図を作成して、見た目で相関を確認するということかな…?

相関の計算

❸ 分析ツールを使って、商品ページアクセス数とスポンジA売上個数の相関係数を求めましょう。結果の出力先は、新しいシート「**売上相関**」とします。

近似曲線を使った売上個数の予測

❹ アクセス数を原因変数、売上個数を結果変数として、❷で作成した散布図に近似曲線を追加しましょう。近似曲線は線形近似を使い、直線の式と決定係数を表示します。

❺ ❹で求めた直線の式を使って、D列に予測売上個数を求めましょう。xには、B列の値を代入します。次に、E列に残差を求めましょう。

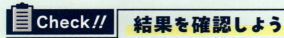

Check!! 結果を確認しよう

結果から、どのようなことが読み取れるか考えてみましょう。

商品ページアクセス数と売上個数　　　　　　　　　　対象：スポンジA

年月	商品ページ アクセス数	スポンジA 売上個数	予測売上個数	残差
2024年1月	490	102	94.778	7.222
2024年2月	382	84	84.896	-0.896
2024年3月	363	90	83.1575	6.8425
2024年4月	334	78	80.504	-2.504
2024年5月	547	85	99.9935	-14.9935
2024年6月	440	99	90.203	8.797
2024年7月	556	102	100.817	1.183
2024年8月	630	105	107.588	-2.588
2024年9月	540	90	99.353	-9.353
2024年10月	630	108	107.588	0.412
2024年11月	825	115	125.4305	-10.4305
2024年12月	850	144	127.718	16.282

アクセス数と売上個数

$y = 0.0915x + 49.943$
$R^2 = 0.7436$

（散布図：縦軸 売上個数 0〜160、横軸 アクセス数 0〜900）

売上相関　アクセス数　＋

	商品ページ アクセス数	スポンジA 売上個数
商品ページ アクセス数	1	
スポンジA 売上個数	0.862312552	1

売上相関　アクセス数　＋

※ブックに任意の名前を付けて保存し、閉じておきましょう。

結果をもとに、アクセス数と売上個数がどのように
関係しているかを分析しましょう！

購入者からのレビューを分析します。レビューの点数は5点満点（満足であれば5、不満であれば1）で、購入者が商品到着後に評価します。レビューの総合点に影響しているものは何かを探しましょう。

Try!! 操作しよう

➡ ブック「第5章練習問題-2」を開いておきましょう。

レビュー評価の要約

❶ シート「**レビュー**」のデータをもとに、新しいシートにピボットテーブルを作成しましょう。行に商品名を配置し、総合点の平均を小数第2位まで表示します。

❷ ピボットテーブルに持ちやすさの平均、耐久性の平均、汚れ落ちの平均、色の平均を追加し、小数第2位まで表示しましょう。総合点の平均の下に追加します。

❸ ピボットテーブルの行の商品名の上に年齢を追加しましょう。年齢は「**20-29**」、「**30-39**」、…のように10歳単位でグループ化し、小計は非表示にします。

Hint! 小計を非表示にするには、《**デザイン**》タブ→《**レイアウト**》グループの《**小計**》を使います。

❹ セル範囲【B5：F21】に「**赤、白のカラースケール**」を適用しましょう。

レビュー評価の分析

❺ シート「**レビュー**」をもとに、持ちやすさ、耐久性、汚れ落ち、色の各項目を原因変数、総合点を結果変数として、分析ツールの回帰分析を使って、各項目が総合点にどれくらい影響しているかを分析しましょう。結果の出力先は新しいシート「**レビュー分析**」とします。

ピボットテーブルを作成して、カラースケールを適用して見た目でわかるようにして……。

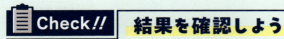
結果から、どのようなことが読み取れるか考えてみましょう。

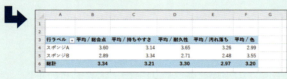

※ブックに任意の名前を付けて保存し、閉じておきましょう。

重決定R2、P-値、係数の値を使って総合点を算出します！

第 **6** 章

シミュレーションして
最適な解を探ろう

STEP 1 　最適な解を探る

STEP 2 　最適な価格をシミュレーションする

STEP 3 　最適な広告プランをシミュレーションする

1 最適な解を探る

① 最適化

売上データやアンケート結果を分析することで傾向やヒントを探り、目的達成のアイデアを検討できました。しかし、ビジネスの意思決定には1つの正解があるわけではなく、費用や人員、時間などの制約を考慮し、複数の解決策から最適な答えを導き出す必要があります。このように、制約の中で成果を最大化または最小化する答えを求めることを**最適化**、その答えを**最適解**といいます。最適解は、目標値を設定し、制約を満たすように変数を調整して導き出します。

事例

10万円売り上げたい！

商品をいくつ売ればよいのだろう？

この場合、売上金額が目標値、売上個数が変化させる値となります。**ゴールシーク**や**ソルバー**を使うと、複雑な式を設定しなくても、データをもとにシミュレーションして、最適解を探れます。

● **ゴールシーク**
数式の計算結果（目標値）を設定して、その結果を得るために任意のセルの値を変化させて最適な値を導き出します。

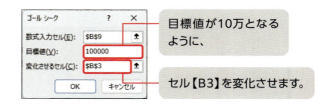

目標値が10万となるように、

セル【B3】を変化させます。

● **ソルバー**
数式の計算結果（目標値）を設定して、制約条件を満たす結果を得るために任意のセルの値を変化させて最適な値を導き出します。

目的セルが制約条件を満たして最小となるように、

セル範囲【B6：D6】を変化させます。

2 最適な価格をシミュレーションする

目標値を逆算して求めるにはどうすればよい？

① ゴールシークを使った価格の試算

売上目標を達成するための必要な販売数や、予算内に収めるための人件費など、目標値を逆算する場面では、ゴールシークを使うことで最適な値を簡単に導けます。ゴールシークは単純な数式だけでなく、関数を使った複雑な計算にも対応しています。

データ分析の結果、新商品「**キャロット&マンゴー**」を発売することにしました。アンケートをもとに、おいしさと見た目にこだわった自信作です。過去の売上を参考に月間売上目標を400個とし、原材料費やその他費用を次の表で試算しました。

事例

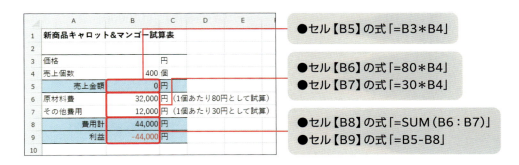

●セル【B5】の式「=B3*B4」

●セル【B6】の式「=80*B4」
●セル【B7】の式「=30*B4」

●セル【B8】の式「=SUM（B6：B7）」
●セル【B9】の式「=B5-B8」

これまで季節限定商品以外の価格は、一律300円と設定してきました。しかし、こだわりの材料を使ったため原材料費が上がり、価格が300円では利益が少なくなってしまいました。
そこで、利益が100,000円となるように、価格を設定したいと考えています。
ゴールシークを使って、最適な価格を導き出しましょう。

単価をいくらまで上げることができるか、ゴールシークで適正価格を求めます！

163

操作しよう

➡ ブック「第6章」を開いておきましょう。

ゴールシークを使って、利益が100,000円となるように、シート「**価格シミュレーション**」のセル【B3】
に価格を試算しましょう。

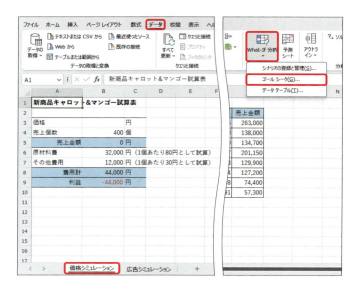

❶ シート「**価格シミュレーション**」を表示します。

❷ 《**データ**》タブ→《**予測**》グループの《**What-If分析**》→《**ゴールシーク**》をクリックします。

《**ゴールシーク**》ダイアログボックスが表示されます。

❸ 《**数式入力セル**》に表示されている内容が反転表示になっていることを確認します。

※アクティブセルのセル番地が表示されます。

❹ セル【B9】を選択します。

❺ 《**目標値**》に「**100000**」と入力します。

❻ 《**変化させるセル**》にカーソルを表示します。

❼ セル【B3】を選択します。

❽ 《**OK**》をクリックします。

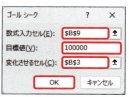

図のようなメッセージが表示されます。

❾ 《**OK**》をクリックします。

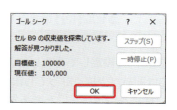

セル【B3】に利益が100,000円となる最適な価格が試算されます。

結果を確認しよう

利益が100,000円になる価格は360円であると試算されました。このようにゴールシークを使うと、逆算して最適な値を導き出すことができます。今回は価格を検討しましたが、逆に価格を固定して目標を達成するための売上個数を求めるなど、様々な値を試算することができます。

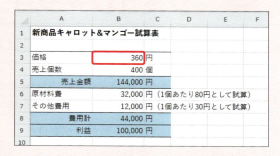

	A	B	C	D	E	F
1	新商品キャロット＆マンゴー試算表					
2						
3	価格	360	円			
4	売上個数	400	個			
5	売上金額	144,000	円			
6	原材料費	32,000	円 （1個あたり80円として試算）			
7	その他費用	12,000	円 （1個あたり30円として試算）			
8	費用計	44,000	円			
9	利益	100,000	円			
10						

単価360円で目標の400個を売ることで、ほかの商品より原価が高くても10万円の利益が出せるんだね！

POINT

反復計算の設定

数式によってはゴールシークで解答が見つからずに、長時間計算を繰り返すことがあります。そのような場合には、反復計算の設定をしておくと、計算を途中で中断させることができます。
反復計算を使うと、計算を繰り返す上限の回数と、計算結果の変化の度合いを設定することができます。反復計算を設定する方法は、次のとおりです。

◆《ファイル》タブ→《オプション》→左側の一覧から《数式》を選択→《計算方法の設定》の《反復計算を行う》→《最大反復回数》/《変化の最大値》を設定

※お使いの環境によっては、《オプション》が表示されていない場合があります。その場合は、《その他》→《オプション》をクリックします。

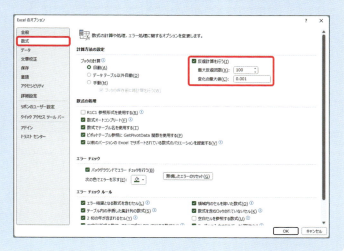

最適な広告プランを
シミュレーションする

複数の目標値を逆算して求めるにはどうすればよい？

 ソルバーを使った広告回数の検討

導き出す値が1つの場合はゴールシークを使いますが、導き出す値が複数ある場合は、ソルバーを使います。例えば「**決められた仕入価格内で商品をどう組み合わせれば、最大個数の仕入れが可能か**」など、制約条件を満たす最適な値を導き出すことができます。

> ほかにも、「アパート全体の賃料合計の目標額を満たすためには、各階の賃料をいくらにすればよいのか」のような事例でも使えるよ！

■ ソルバーアドインの設定

ソルバーは、アドインを有効にして使用します。ソルバーアドインを有効にしましょう。

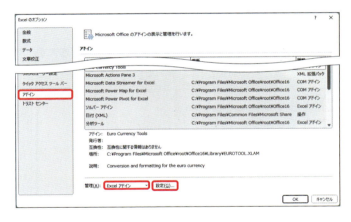

❶《**ファイル**》タブ→《**オプション**》をクリックします。

※お使いの環境によっては、《オプション》が表示されていない場合があります。その場合は、《その他》→《オプション》をクリックします。

《**Excelのオプション**》が表示されます。

❷ 左側の一覧から《**アドイン**》を選択します。

❸《**管理**》の▼をクリックし、一覧から《**Excelアドイン**》を選択します。

❹《**設定**》をクリックします。

《**アドイン**》ダイアログボックスが表示されます。

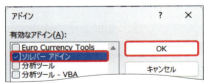

❺《**ソルバーアドイン**》をオンにします。

❻《**OK**》をクリックします。

《**データ**》タブに《**分析**》グループと《**ソルバー**》が追加されます。

❷ 広告回数の検討

新商品の発売に合わせ複数の媒体を使い、広告出稿を検討しています。ターゲットや効果について広告会社に提案をしてもらったところ、「車内広告」、「SNS（A）」、「SNS（B）」が候補に挙がりました。各媒体の宣伝費用と予想される販売効果は、次のとおりです。

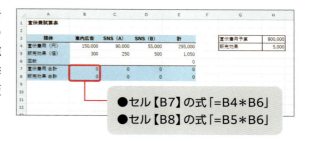

●セル【B7】の式「=B4＊B6」
●セル【B8】の式「=B5＊B6」

●**車内広告**　　宣伝費用は1回あたり150,000円、売上個数が増加する効果は300個
●**SNS（A）**　　宣伝費用は1回あたり90,000円、売上個数が増加する効果は250個
●**SNS（B）**　　宣伝費用は1回あたり55,000円、売上個数が増加する効果は500個

ソルバーを使って、条件を満たすように各媒体へ広告を出す最適な回数を導き出しましょう。

🖱 Try!! 操作しよう

シート「広告シミュレーション」の宣伝費用合計（セル【E7】）が最も安くなるように、セル範囲【B6：D6】に広告を出す回数を試算しましょう。条件は、「**3つの媒体を最低1回は使う**」、「**宣伝費用合計は800,000円以下とする**」、「**販売効果合計は5,000個以上とする**」とします。

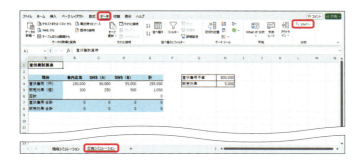

❶ シート「広告シミュレーション」を表示します。

❷《データ》タブ→《分析》グループの《ソルバー》をクリックします。

《ソルバーのパラメーター》ダイアログボックスが表示されます。

❸《目的セルの設定》にカーソルを表示します。

❹ セル【E7】を選択します。

❺《目標値》の《最小値》をオンにします。

❻《変数セルの変更》にカーソルを表示します。

❼ セル範囲【B6：D6】を選択します。

❽《追加》をクリックします。

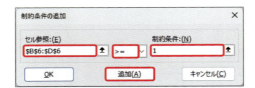

《制約条件の追加》ダイアログボックスが表示されます。

「3つの媒体を最低1回は使う」の制約条件を設定します。

❾ 《セル参照》にカーソルを表示します。

❿ セル範囲【B6：D6】を選択します。

⓫ 中央のボックスの▼をクリックし、一覧から《＞＝》を選択します。

⓬ 《制約条件》に「1」と入力します。

⓭ 《追加》をクリックします。

「宣伝費用合計は800,000円以下とする」の制約条件を設定します。

⓮ 《セル参照》にカーソルを表示します。

⓯ セル【E7】を選択します。

⓰ 中央のボックスの▼をクリックし、一覧から《＜＝》を選択します。

⓱ 《制約条件》にカーソルを表示します。

⓲ セル【H3】を選択します。

⓳ 《追加》をクリックします。

「販売効果合計は5,000個以上とする」の制約条件を設定します。

⓴ 《セル参照》にカーソルを表示します。

㉑ セル【E8】を選択します。

㉒ 中央のボックスの▼をクリックし、一覧から《＞＝》を選択します。

㉓ 《制約条件》にカーソルを表示します。

㉔ セル【H4】を選択します。

㉕ 《OK》をクリックします。

《ソルバーのパラメーター》ダイアログボックスに戻ります。

㉖ 《解決》をクリックします。

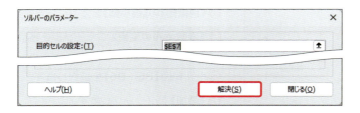

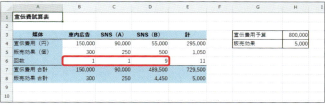

《ソルバーの結果》ダイアログボックスが表示されます。

㉗《ソルバーの解の保持》をオンにします。

㉘《OK》をクリックします。

セル範囲【B6：D6】に条件を満たす最適な広告回数が試算されます。

※ソルバーアドインを無効にしておきましょう。ソルバーアドインを無効にするには、《ファイル》タブ→《オプション》→左側の一覧から《アドイン》を選択→《管理》の▼→《Excelアドイン》→《設定》→《ソルバーアドイン》をオフにします。
※お使いの環境によっては、《オプション》が表示されていない場合があります。その場合は、《その他》→《オプション》をクリックします。

📋 Check!! 結果を確認しよう

制約条件を満たす広告回数は、車内広告1回、SNS（A）1回、SNS（B）9回と求められます。このとき、販売効果の合計は5,000個、宣伝費用の合計は予算より少ない729,500円となります。
このようにソルバーを使うと、様々な条件を設定して、シミュレーションを行い、最適な解を導き出すことができます。

※ブックに任意の名前を付けて保存し、閉じておきましょう。

💡 POINT

制約条件の設定

制約条件は、あとから追加したり、削除したりできます。

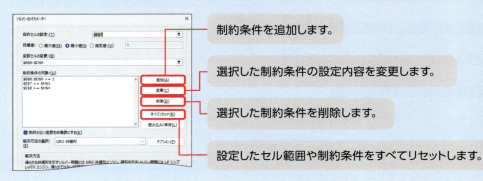

制約条件を追加します。

選択した制約条件の設定内容を変更します。

選択した制約条件を削除します。

設定したセル範囲や制約条件をすべてリセットします。

練習問題

解答 >> P.25

ソルバーを使って、第4四半期の商品の仕入箱数の最適な解をシミュレーションしましょう。

Try!! 操作しよう

➡ ブック「第6章練習問題」を開いておきましょう。

最適な解のシミュレーション

❶ ソルバーアドインを表示しましょう。

❷ 次のように条件を設定して、シート「**仕入シミュレーション**」の仕入価格合計（セル【**E12**】）が 70,000円以下となるように、3月の仕入箱数（セル範囲【**D4：D5**】）を試算しましょう。

＜条件＞
・3月のスポンジAの仕入箱数は、3月のスポンジBの仕入箱数の1.5倍以上とする。
・仕入箱数は、それぞれ2箱以上とする。
・仕入価格合計は70,000円以下とする。

Check!! 結果を確認しよう

結果から、どのようなことが読み取れるか考えてみましょう。

	A	B	C	D	E	F
1	第4四半期　商品仕入シミュレーション					
2	◆仕入箱数				単位：箱	
3	商品名	1月	2月	3月	合計	
4	スポンジA	8	8	3	19	
5	スポンジB	6	4	2	12	
6	合計	14	12	6	32	
7						
8	◆仕入価格				単位：円／1箱	
9	商品名	1月	2月	3月	合計	
10	スポンジA	19,040	19,040	8,033	46,113	
11	スポンジB	11,700	7,800	4,388	23,888	
12	合計	30,740	26,840	12,420	70,000	※仕入の目標金額は70,000円以下とする
13						
14	◆1箱（24個）あたりの仕入価格					
15	商品名	仕入価格（箱）	条件			
16	スポンジA	2,380	仕入箱数は、2箱以上とする			
17	スポンジB	1,950	仕入箱数は、2箱以上とする			
18						
19						
20						

仕入シミュレーション

※ブックに任意の名前を付けて保存し、閉じておきましょう。

第**7**章

生成 AI を使用した
データ分析

STEP 1　Copilot を活用する

STEP 2　関数や分析に関する疑問点を聞く

STEP 3　分析結果を見せてビジネスへの活かし方を聞く

1 Copilotを活用する

① Copilotでできること

Windows 11に標準搭載されているAIアシスタント**Copilot**は、Excelのデータ分析と組み合わせて利用することで、簡単かつ高度な分析をサポートしてくれます。一部のパソコン環境には搭載されていない場合もありますが、その場合でもMicrosoftアカウントを使用してWebブラウザ「**Microsoft Edge**」から利用できます。いずれも無料で利用できる点が魅力的です。

URL　https://www.microsoft.com/ja-jp/microsoft-copilot/for-individuals

Copilotを活用すると、Excel内でのデータ整理や分析作業が効率化されます。例えば、大量のデータから特定のパターンを見つけたり、複雑な関数を自動生成したりすることができます。また、高度なプログラムコードではなく日常的な言葉での質問にも対応しており、**「売上データから月ごとの平均値を計算して表にまとめて」** といった指示を入力するだけで、瞬時に結果を表示してくれます。
このようにCopilotを活用することで、従来のデータ分析と比べて作業時間を大幅に短縮し、分析の正確性も向上します。特に、データ分析初心者にとっては、専門的な操作や知識を事前に学ぶ必要がなく、直感的に使える点が大きな利点です。その結果、企業の業務効率化や生産性向上にも貢献することでしょう。

この章では、Excelでデータ分析を行う際にCopilotを活用する方法について、以下の内容を解説します。

事例

目的に合った関数はある？

どの方法で比較すべき？

関数や分析の疑問点を解消
→ STEP2

分析結果をもとにしたビジネス活用の提案
→ STEP3

② Copilotを使うときの注意点

Excelデータ分析でCopilotを併せて利用することはとても便利ですが、利用するうえで注意点があります。

● データのプライバシーとセキュリティ

Copilotで機密情報や個人情報を含むデータを利用する際には、企業や組織のセキュリティポリシーに従い、データが安全に取り扱われることを確認する必要があります。むやみに機密情報を入力してしまうと、ほかのCopilotユーザーへ出力されるなど漏えいするようなリスクがあるため、注意が必要です。

● 出力に対する批判的な視点を持つ

CopilotはAI技術に基づいて出力を行いますが、必ずしもその出力が正確で最適であるとは限りません。特に複雑な分析や高度なビジネス判断を伴う場合には、専門知識やほかのツールを併用し、出力を検証するプロセスを怠らないようにしましょう。

● 作業の効率化と自動化に頼りすぎない

Copilotは日常の作業を効率化する強力なツールですが、その一方で手作業での理解や、データ構造の細部を確認する重要性を見失わないようにすることが大切です。特に、データの前処理やフォーマット調整が必要な場合、Copilotだけに頼ると意図しない結果を引き起こす可能性があります。

これらの注意点を踏まえながら、CopilotとExcelを活用することで、より効率的で効果的なデータ分析を行うことができるようになります。

Copilotは、あくまでもサポートツールとして利用するのが適切です！

第7章 生成AIを使用したデータ分析

STEP UP

Copilotが統合されたExcelを使う

本書で紹介している無料版Copilotに加えて、マイクロソフトのサブスクリプションサービス「Microsoft 365」（Personal／Family）（月額2,130円～）を契約し、デスクトップ版アプリを利用すると、Copilotが統合されたMicrosoft 365版のExcelデスクトップアプリを使うことができ、より直感的にExcelでの操作が可能になります。

URL https://www.microsoft.com/ja-jp/microsoft-365

関数や分析に関する疑問点を聞く

① 関数の疑問点を質問する

Excelでのデータ分析では、関数の理解が難しいことがありますが、Copilotを活用すれば複雑な関数も簡単に扱え、作業効率が向上します。Copilotは最適な関数を提案するため、初心者でもスムーズに高度な分析が行えるようになります。

たしかにExcel関数に詳しくないと、計算式ばかり入力することになって、作業効率は良くないね。

Excelでデータ分析を行う際、特定の地域かつ特定の商品カテゴリの売上合計を求めるには、どのような関数を使えばよい？

Excelでは、複数の条件を満たすデータを合計するために、SUMIFS 関数を使用するのが便利です。

以下に、特定の地域と商品カテゴリの売上合計を求める方法を示します。

例: A列に地域、B列に商品カテゴリ、C列に売上があるとします。

```Plaintext
=SUMIFS(C:C, A:A, "地域の名前", B:B, "商品カテゴリの名前")
```

例えば、地域が「東京」で、商品カテゴリが「家電」の売上合計を求める場合は、次のように入力します。

```Plaintext
=SUMIFS(C:C, A:A, "東京", B:B, "家電")
```

これにより、指定された地域とカテゴリの条件に一致するすべての売上を合計することができます。具体的な例やデータが必要であれば、教えてくださいね。😊

もし、他にサポートが必要な場合や、別の関数について知りたい場合は、ぜひ教えてください。

事例

● 売上データの平均を求めたい

各商品の平均売上を計算するには？

Copilot

AVERAGE関数とAVERAGEIFS関数の使い方を提案します！

● 売上データの合計を求めたい

特定の地域かつ特定の商品カテゴリーの売上合計を求めるには？

Copilot

その場合はSUMIFS関数を使うといいですよ！使い方の説明をしますね。

●重複のない顧客リストを抽出したい

顧客リストから重複を省いて一意の顧客名だけを抽出するには？

Copilot

UNIQUE関数を提案します！フィルター機能でもできますよ。

② データ分析に関して質問する

Copilotは分析の方向性や手法の提案、データの見方に関する知識提供に優れています。これにより、ユーザーは自身で分析を深めるためのヒントやアプローチを得ることができます。例えば、以下のような質問をCopilotに投げかけることで、より効果的なデータ分析の方法や視点を得ることが可能です。

> Excelでデータ分析を行う際、売上データから季節ごとの傾向を分析する適切な手法を教えて！

Excelで売上データの季節ごとの傾向を分析するためには、以下の手法が役立ちます：

1. ピボットテーブルの作成

ピボットテーブルを使用してデータをまとめ、季節ごとの売上の傾向を分析できます。次の手順で実行します：

1. データ範囲を選択。
2. 「挿入」タブをクリックし、「ピボットテーブル」を選択。

2. 移動平均を計算するための数式を入力（例： `=AVERAGE(B2:B4)` ）。

5. データ分析ツール

Excelのデータ分析ツールを使用して、さらに詳細な統計分析を行うことができます。

1. 「データ」タブをクリックし、「データ分析」を選択。
2. 「移動平均」や「回帰分析」などのオプションを使用。

これらの手法を組み合わせて、季節ごとの売上傾向をより詳細に把握することができます。上記のステップで何か質問があれば教えてください！ 🌸📊

事例

●売上データから季節ごとの傾向を分析する手法が知りたい

> 売上データから季節ごとの傾向を分析するための適切な分析手法は？

> 季節性を捉えるための移動平均や季節調整の方法について説明しますね！

●売上低迷の原因を特定する分析方法やアプローチが知りたい

> 売上低迷の原因を特定するための分析の方向性やアプローチ方法には何がある？

> 売上低迷の原因分析として、売上データのセグメント分析や地域別・商品別の比較分析を提案します！

> 顧客の購買行動や市場トレンドの変化を考慮したクロス集計や回帰分析の活用方法も説明します！

> データ分析に詳しくなくても、何が知りたいか目的を伝えることで、適した分析方法を教えてくれるよ！

3 分析結果を見せて ビジネスへの活かし方を聞く

① 結果をもとにアドバイスをもらう

Excelでのデータ分析結果をCopilotに見せ、ビジネスでどのように活かせば良いかなどをアドバイスしてもらうことができます。

1 ビジネス戦略のアドバイスをもらう

売上データを分析して特定地域の売上低迷がわかった場合、Copilotはその地域向けのマーケティングやプロモーション施策を提案してくれます。これにより、見落としがちなトレンドや改善点を効率的に把握し、効果的な戦略を立てられます。さらに、Copilotは最新トレンドや競合分析も考慮した具体策を提案し、データに基づくビジネス判断を支援してくれるでしょう。

事例

●在庫管理データから過剰在庫や欠品リスクが確認できた

需要予測に基づいた発注量の最適化方法やサプライチェーンの改善策を提案します！

無駄なコストの削減と効率的な在庫管理ができる。過去データだけでなく、季節要因や市場動向も考慮した高度な分析を行ってくれる。

●販売チャネルごとの利益率を分析した結果、オンライン販売の急成長が確認できた

デジタルマーケティングへの投資強化やECサイトの改善策を提案します！

成長分野へのリソース配分を最適化する。業界動向や競合の成功事例も参考にし、具体的な行動計画を提案してくれる。

●社員の業務時間や生産性を分析し、特定の業務に時間がかかっていることが判明

業務フローの改善案や自動化ツールの導入を提案します！

業務効率が向上し、社員の負担軽減や生産性の向上が期待できる。改善策だけでなく、導入後の効果測定方法も提案してくれるため、継続的な業務改善にも役立つ。

新しい気づきが得られて、思わぬ発見があるかもしれないね！

2 セルやグラフを見せて質問する

アドバイスがほしい分析結果を質問欄に文字で入力するだけでなく、Excelのセルをコピーして貼り付けて質問することができます。
例えば、売上データや匿名化した顧客情報などの表のセルやグラフを直接貼り付けることで、より詳細で正確な分析結果が得られるようになります。なお、CopilotはExcelファイルを直接アップロードすることはできません（2025年1月現在）。

● セルをコピー＆貼り付け

コピーしたセルを貼り付けて、Copilotに質問することができます。

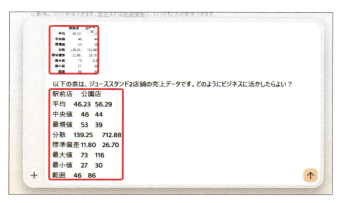

●グラフを添付

Excelで作成したグラフを質問入力欄に添付することができます。ただし、コピー＆貼り付けは行えないのでグラフは画像化しておく必要があります。グラフの画像化は、グラフを右クリック→《図として保存》をクリックします。

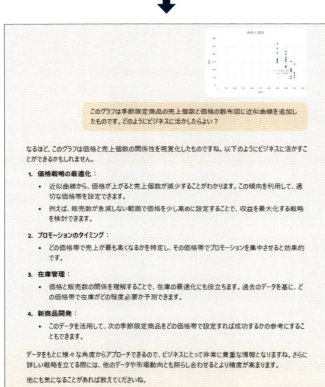

出力された回答については、質問を繰り返して深く掘り下げていきましょう！

付 録

分析に適したデータに
整形しよう

STEP 1 重複データを削除する

STEP 2 空白データを確認する

STEP 3 データの表記を統一する

STEP

1 重複データを削除する

① 重複データの削除

データ分析を行う際に重複データが含まれていると、統計分析の精度が低下し、平均値・合計値・中央値などの計算結果が正確でなくなることがあります。その結果、誤ったデータに基づいて意思決定を行い、ビジネスに悪影響を及ぼすリスクが高まります。さらに、グラフやチャートによるデータの可視化においても、正確な傾向や分布を把握できず、正しい情報で判断できなくなってしまいます。

	A	B	C	D
1	商品リスト			
2				
3	型番	商品名	販売価格	販売状況
4	R01-H-BEG	レザー型押しハンドバッグ・ベージュ	16,800	
5	R01-H-BLK	レザー型押しハンドバッグ・ブラック	16,800	販売中
6	R01-H-WHT	レザー型押しハンドバッグ・ホワイト	16,800	販売中
7	R01-P-BEG	レザー型押しパース・ベージュ	13,500	
8	R01-P-BLK	レザー型押しパース・ブラック	13,500	
9	R01-P-BEG	レザー型押しパース・ベージュ	13,500	
10	R01-P-WHT	レザー型押しパース・ホワイト	13,500	
11	R01-S-BEG	レザー型押しショルダーバッグ・ベージュ	28,600	販売中
12	R01-S-BLK	レザー型押しショルダーバッグ・ブラック	28,600	販売中
13	R01-S-WHT	レザー型押しショルダーバッグ・ホワイト	28,600	販売中
14	R01-R-WHT	レザー型押しショルダーバッグ・ホワイト	16,800	販売中
15	R02-H-BEG	レザー軽量ハンドバッグ・ベージュ	18,800	
16	R02-H-BLK	レザー軽量ハンドバッグ・ブラック	18,800	販売中
17	R02-H-SLV	レザー軽量ハンドバッグ・シルバー	18,800	販売中
18	R02-P-BEG	レザー軽量パース・ベージュ	15,500	販売中
19	R02-P-BLK	レザー軽量パース・ブラック	15,500	販売中
20	R02-P-SLV	レザー軽量パース・シルバー	15,500	販売中
	R02-S-BEG	レザー軽量ショルダーバッグ・ベージュ	20,800	販売中

商品リスト 売上データ 型番別商品リスト 店舗リスト ＋

型番と商品名が重複 　　　商品名が重複

重複によってデータ量が増えると処理速度が低下し、ピボットテーブルやフィルターの操作も遅くなり、分析作業に時間がかかりそうだね…。

まず重複データがあるかどうか確認し、もし不要なデータであれば削除して、それから分析を行うようにしましょう。

■1 重複データの確認

はじめに、分析で使うデータに無駄な重複がないか
どうかを確認しましょう。
確認には、**重複する値**を使うと、ひと目で確認でき
ます。この機能を活用することで、削除が必要なデー
タを見極めたり、データの問題点を発見したりしや
すくなります。

重複セルを可視化すると
見逃しもなくなるよ！

➡ ブック「付録」を開いておきましょう。

❶ 重複するデータを確認するセル範囲
を選択します。

❷ 《ホーム》タブ→《スタイル》グループ
の《条件付き書式》→《セルの強調表
示ルール》→《重複する値》をクリッ
クします。

《重複する値》ダイアログボックスが表
示されます。

❸ 《次の値を含むセルを書式設定》の左
側のボックスが《重複》になっている
ことを確認します。

❹ 《書式》の▼をクリックし、一覧から
書式を選択します。

❺ 《OK》をクリックします。

重複データに書式が設定されます。

STEP UP

ルールのクリア

重複データの確認後、設定した条件付き書式のルールが不要になった場合は、ルールをクリアできます。

◆条件を設定した範囲を選択→《ホーム》タブ→《スタイル》グループの《条件付き書式》→《ルールのク
リア》→《選択したセルからルールをクリア》

❷ 重複データの削除

収集したデータに不要な重複があるとわかったら、分析前に削除しておきましょう。重複データの削除は、**重複の削除**を使うと効率的です。

ただし、「**重複の削除**」を実行すると、対象となる重複データはすぐに削除されるので注意が必要です。そのため、実行する際は、どの列を基準に重複を判断するかなど慎重に選択することが重要です。

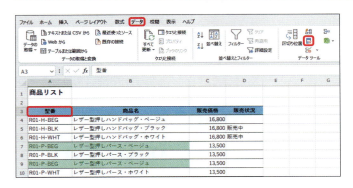

❶ 表内のセルを選択します。

❷ 《データ》タブ→《データツール》グループの《重複の削除》をクリックします。

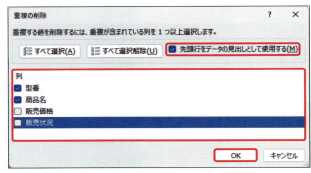

《重複の削除》ダイアログボックスが表示されます。

❸ 《先頭行をデータの見出しとして使用する》をオンにします。

❹ 重複を確認する列をオンにします。

❺ 《OK》をクリックします。

メッセージを確認し、《OK》をクリックします。

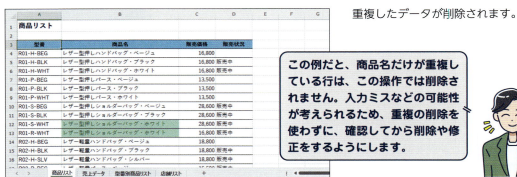

重複したデータが削除されます。

この例だと、商品名だけが重複している行は、この操作では削除されません。入力ミスなどの可能性が考えられるため、重複の削除を使わずに、確認してから削除や修正をするようにします。

2 空白データを確認する

① 空白セルの確認

空白（Null）のセルがあると、データ集計や分析で正確な結果を得ることができません。売上や在庫などの数値データに空白が含まれると、合計や平均が正しく計算されず、意図しない結果が出てしまいます。グラフの作成でも、空白セルが原因で形が歪んだり情報が欠けたりしてしまいます。さらに、フィルターや並べ替え機能でも、空白セルがデータ抽出や並び順に悪影響を与えることもあります。データに空白セルがないか確認し、見つかった場合はデータを入力するなど適切に対応するようにしましょう。

	A	B	C	D
1	商品リスト			
2				
3	型番	商品名	販売価格	販売状況
4	R01-H-BEG	レザー型押しハンドバッグ・ベージュ	16,800	
5	R01-H-BLK	レザー型押しハンドバッグ・ブラック	16,800	販売中
6	R01-H-WHT	レザー型押しハンドバッグ・ホワイト	16,800	販売中
7	R01-P-BEG	レザー型押しパース・ベージュ	13,500	
8	R01-P-BLK	レザー型押しパース・ブラック	13,500	
9	R01-P-WHT	レザー型押しパース・ホワイト	13,500	
10	R01-S-BEG	レザー型押しショルダーバッグ・ベージュ	28,600	販売中
11	R01-S-BLK	レザー型押しショルダーバッグ・ブラック	28,600	販売中
12	R01-S-WHT	レザー型押しショルダーバッグ・ホワイト	28,600	販売中
13	R01-R-WHT	レザー型押しショルダーバッグ・ホワイト	16,800	販売中
14	R02-H-BEG	レザー軽量ハンドバッグ・ベージュ	18,800	
15	R02-H-BLK	レザー軽量ハンドバッグ・ブラック	18,800	販売中
16	R02-H-SLV	レザー軽量ハンドバッグ・シルバー	18,800	販売中

< > 商品リスト 売上データ 型番別商品リスト 店舗リスト +

空白セルが混在

空白セルって自動的に無視されるのかと思ってたけど、そういうわけでもないんですね…

STEP UP

空白セルを未然に防ぐ

「**データの入力規則**」を使って、特定のセルに必ずデータが入力されるように設定したり、「**条件付き書式**」で空白セルを視覚的に目立たせたりすることで、入力ミスを早期に発見できます。
また、「**IF関数**」や「**ISBLANK関数**」を使い、空白セルを自動的に検出し、警告メッセージや代替値を表示させる工夫も効果的です。

■1 ジャンプを使った空白セルの選択

ジャンプを使うと、たくさんのデータの中から空白セルのみを効率的に一括選択できます。特に、大規模なデータ処理やデータの整理・編集作業に役立つ便利な機能です。また、データ入力漏れの確認にも活用できます。

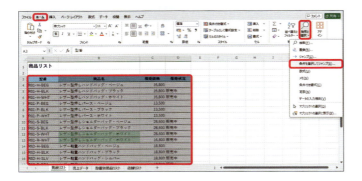

❶ 表全体を選択します。

❷ 《ホーム》タブ→《編集》グループの《検索と選択》→《条件を選択してジャンプ》をクリックします。

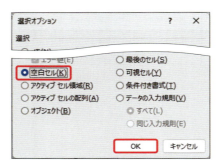

《選択オプション》ダイアログボックスが表示されます。

❸ 《空白セル》をオンにします。

❹ 《OK》をクリックします。

表内の空白セルがすべて選択されます。

❺ 空白セルに入力したい文字を入力し、Ctrl + Enter を押します。

選択したすべてのセルに文字が入力されます。

❷ フィルターを使った空白セルの抽出

フィルターを使うと、データの中から指定したレコードだけを抽出することができます。

❶ 表内のセルを選択します。

❷ 《データ》タブ→《並べ替えとフィルター》グループの《フィルター》をクリックします。

❸ 列見出しの▼をクリックします。

❹ 《(空白セル)》だけをオンにします。

❺ 《OK》をクリックします。

空白になっているレコードが抽出されます。

❻ 空白セルを選択します。

❼ 空白セルに入力したい文字を入力し、Ctrl + Enter を押します。

選択したすべてのセルに文字が入力されます。

付録

分析に適したデータに整形しよう

STEP UP

フィルターのクリア

レコードの抽出を解除して、すべてのレコードを表示する操作は次のとおりです。

◆フィールド名の▼→《"（フィールド名）"からフィルターをクリア》

3 データの表記を統一する

① データの表記の統一

データ内に半角と全角の混在や表記ゆれがある場合、集計や分類で誤りが発生してしまい、また、関数やフィルターが正しく動作しなくなることがあります。同じ表内のデータは、一貫性を保つために表記を統一することが重要です。表記の統一には、置換や関数を使うと便利です。

「WHT」と「WT」が混在

半角と全角が混在

1 置換

置換を使うと、指定した文字列を別の文字列にまとめて置換することができます。

❶《ホーム》タブ→《編集》グループの《検索と選択》→《置換》をクリックします。

《検索と置換》ダイアログボックスが表示されます。

❷《置換》タブを選択します。

❸《検索する文字列》に文字を入力します。

❹《置換後の文字列》に文字を入力します。

❺《すべて置換》をクリックします。

メッセージが表示されます。

❻《OK》をクリックします。

《検索と置換》ダイアログボックスに戻ります。

❼ 《閉じる》をクリックします。

文字が置換されます。

② 文字列を取り出す

RIGHT関数を使うと、文字列の右端から指定した文字数の文字列を抽出できます。必要な文字列だけを効率よく取り出すことができ、大量のデータをスムーズに整理できるようになります。

=RIGHT（文字列，文字数）

❶文字列
取り出す文字を含む文字列またはセルを指定します。

❷文字数
取り出す文字数を指定します。
※「1」は省略できます。省略すると、右端の文字が取り出されます。

❶ セルに数式を入力します。
※ここでは、セル【B4】に「＝RIGHT（A4,3）」と入力しています。

文字列が取り出されます。

❷ 数式を入力したセルを選択し、セル右下の■（フィルハンドル）をダブルクリックします。

数式がコピーされます。

❸ 半角の文字列に変換

ASC関数は、全角の英数字や記号を半角に変換するのに便利です。例えば、セルA1に全角の「ＡＢＣ１２３」が入力されている場合、「=ASC(A1)」と入力すると「ABC123」という半角の文字に変換されます。

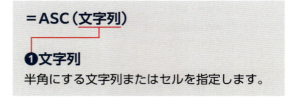

＝ASC（文字列）

❶文字列
半角にする文字列またはセルを指定します。

❶ セルに数式を入力します。
※ここでは、セル【G4】に「=ASC(F4)」と入力しています。

❷ 数式を入力したセルを選択し、セル右下の■（フィルハンドル）をドラッグします。

数式がコピーされます。

POINT

データの整形に利用できる主な関数

データの整形に利用できる関数には、次のようなものがあります。

機能	関数名	書式
半角→全角に変換	JIS	=JIS（文字列）
英小文字→英大文字に変換	UPPER	=UPPER（文字列）
英大文字→英小文字に変換	LOWER	=LOWER（文字列）
文字列→数値に変換	VALUE	=VALUE（文字列）
文字列の左側から指定した文字数を取り出す	LEFT	=LEFT（文字列，文字数）
文字列の指定した開始位置から指定した文字数を取り出す	MID	=MID（文字列，開始位置，文字数）
文字列から余分な空白を削除	TRIM	=TRIM（文字列）
文字列の連結（Excel 2019以降）	CONCAT	=CONCAT（テキスト1，…）

索引

数字

100%積み上げ棒グラフ ……………… 65, 69
2標本を使った分散の検定 …………… 95
5%有意水準 …………………………… 102

アルファベット

ABC分析 ………………………………… 103
Anscombe's Quartet ………………… 43
ASC関数 ………………………………… 188
AVERAGE関数 ………………………… 24
CONCAT関数 …………………………… 188
Copilot ………………………………… 172
CORREL関数 …………………………… 128
F検定 …………………………… 94, 95, 96
IF関数 …………………………………… 151
JIS関数 ………………………………… 188
LEFT関数 ……………………………… 188
LOWER関数 …………………………… 188
MAX関数 ………………………………… 33
MEDIAN関数 …………………………… 26
MID関数 ………………………………… 188
MIN関数 ………………………………… 33
MODE.SNGL関数 ……………………… 27
p値 …………………………… 100, 102, 146
R^2 ……………………………………… 144
RDD …………………………………… 19
RIGHT関数 ……………………………… 187
SQRT関数 ……………………………… 98
STDEV.P関数 …………………………… 32
STDEV.S関数 …………………………… 31, 32
TRIM関数 ……………………………… 188
t検定 ……………… 94, 98, 100, 102, 106, 113
UPPER関数 …………………………… 188
VALUE関数 …………………………… 188
VAR.P関数 ……………………………… 32
VAR.S関数 ……………………………… 29, 32

あ行

アイデアの評価 ………………………… 108
値エリア ………………………………… 45
アドインの設定 ………………………… 35, 166
アンスコムの例 ………………………… 43
アンダーフロー ………………………… 76
一対の標本による平均の検定 ………… 113
移動平均 ………………………………… 80
因果関係 ………………………………… 137
円グラフ ……………………… 65, 66, 68
帯グラフ ………………………………… 65
折れ線グラフ ……………… 60, 61, 64, 79

か行

回帰式 …………………………………… 137
回帰分析 …………………… 146, 149, 151
仮説 ……………………………… 12, 92
仮説検定 ………………………………… 94
傾き ……………………………… 137, 146
偏り ……………………………………… 108
カラースケール ………………………… 71
カラースケールの詳細設定 …………… 72
疑似相関 ………………………………… 133
記述統計 ………………………………… 24
基本統計量 ………………… 35, 36, 112
客観的事実 ……………………………… 116
行ラベルエリア ………………………… 45
行列の入れ替え ………………………… 17
近似曲線 ………………………………… 138
空白セルの確認 ………………………… 183
空白セルの選択 ………………………… 184
空白セルの抽出 ………………………… 185
区間幅の変更 …………………………… 74
グラフ ……………………… 42, 54, 59
グラフの種類の変更 …………………… 58
クロス集計表 …………………………… 44

クロスセクションデータ	16
傾向変動	79
係数	146
系列の追加	58, 62
結果変数	137
決定係数	144
原因変数	137
公的なデータの活用	19
ゴールシーク	162, 163

さ行

最小値	33
最大値	33
最適化	162
最適解	162
最頻値	24, 26, 27, 28
残差	141
参照基準	116
散布図	121, 124
サンプル	18
サンプル調査	18
視覚化	42, 54, 71, 73, 79, 82, 120, 121, 128
時系列データ	16, 79
指数化	86
実験調査	108
質的データ	17
質的変数	17, 151
質的変数を使った回帰分析	151
シミュレーション	163, 166
ジャンプ	184
重回帰分析	152, 156
周期性	79
集計方法	48
集計方法の変更	49
重決定R2	146
集合棒グラフ	55

主観的解釈	116
条件付き書式	42, 71, 181
詳細行の追加	50
詳細データの表示	51
推測統計	94
正の相関	125
切片	137, 146
前期比	84
線形近似	138
全数調査	18
相関	126
相関係数	125, 126, 128, 129
相関分析	125, 129
ソルバー	162, 166

た行

対応ありのデータ	110, 113, 115
対応なしのデータ	110, 115
代表値	24
縦棒グラフ	55
ダミー変数	151
単回帰分析	152
単純移動平均	81
置換	186
中央値	24, 26
中心化移動平均	81
重複データ	180
重複データの確認	181
重複データの削除	180, 182
積み上げ棒グラフ	55
データの形	16
データの更新	37, 52
データの収集	19
データの種類	17
データの整形	20, 188
データ分析に役立つExcelの機能	15

データ分析のステップ ……… 14

データ分析の必要性 ……… 12

テストマーケティング ……… 108

等分散を仮定した2標本による検定 … 100, 102

度数分布表 ……… 78

トレンド ……… 79

は行

バイアス ……… 108

外れ値 ……… 130

パターン ……… 79, 82

パネルデータ ……… 16

ばらつき ……… 29, 95

パレート図 ……… 103

範囲（レンジ）……… 33

反復計算の設定 ……… 165

ヒートマップ ……… 71, 128

ヒストグラム ……… 73, 77, 78

ピボットグラフ ……… 42, 57

ピボットテーブル ……… 42, 44, 45

評価差 ……… 111

表記の統一 ……… 186

表示形式 ……… 63, 64

標準偏差 ……… 29, 31

標本 ……… 18

標本調査 ……… 18

ビン ……… 74

ファインディング ……… 116

ファクト ……… 116

フィールド ……… 45

フィールドの折りたたみ ……… 53

フィールドのグループ化 ……… 53

フィールドの追加 ……… 46

フィールドの展開 ……… 53

フィールドの変更 ……… 47

フィールド名 ……… 45

フィルター ……… 185

フィルターのクリア ……… 185

負の相関 ……… 125

分散 ……… 29, 95, 102

分散が等しくないと仮定した2標本による検定

……… 102

分析ツール ……… 35, 78, 146

平均 ……… 24, 95

偏差 ……… 29

変数の関係性 ……… 120, 125

棒グラフ ……… 55, 56, 59

母集団 ……… 18

補助グラフ付き円グラフ ……… 65

ま行

メジアン ……… 26

や行

有意確率 ……… 100

ユーザー定義の表示形式 ……… 64

要因分析 ……… 156

曜日の表示 ……… 63

要約 ……… 44, 46

横棒グラフ ……… 55

予測 ……… 140, 156

ら行

ランダム・デジット・ダイヤリング ……… 19

ランダムサンプリング ……… 18

量的データ ……… 17

量的変数 ……… 17, 121

ルールのクリア ……… 181

レコード ……… 45

列ラベルエリア ……… 45

レンジ ……… 33

よくわかる
Excelではじめるデータ分析入門
関数・グラフ・ピボットテーブルから分析ツールまで

（FPT2411）

2025年3月17日　初版発行

著作／制作：株式会社富士通ラーニングメディア

発行者：佐竹　秀彦

発行所：FOM出版（株式会社富士通ラーニングメディア）
　　　　〒212-0014　神奈川県川崎市幸区大宮町1番地5 JR川崎タワー
　　　　https://www.fom.fujitsu.com/goods/

印刷／製本：株式会社広済堂ネクスト

制作協力：リンクアップ